Unity特效制作
Shader Graph案例精讲

[西] 阿尔瓦罗·阿尔达　著
（Álvaro Alda）
周子衿　译

清华大学出版社
北　京

内 容 简 介

本书聚焦于 Shader Graph 的使用技巧，通过丰富的实例和操作指南来帮助读者理解着色器背后的数学知识和理论基础，进而学会在 Unity 中熟练运用 Shader Graph 制作各种特效：基础的扫描线效果、复杂的材质模拟（如卡通水面和气泡粒子效果）以及更多虚拟现实效果。

本书适合 Unity 开发者和 3D 艺术家阅读和参考，无论是初学者还是有一定基础的读者，都可以通过本书的学习运用 Unity 创造惊人的视觉效果，为玩家营造出沉浸式体验。

北京市版权局著作权合同登记号 图字：01-2024-5856

First published in English under the title
Beginner's Guide to Unity Shader Graph: Create Immersive Game Worlds Using Unity's Shader Tool, edition: 1
by Álvaro Alda
Copyright © Álvaro Alda, 2023
This edition has been translated and published under license from APress Media, LLC, part of Springer Nature.

此版本仅限在中华人民共和国境内（不包括中国香港、澳门特别行政区和台湾地区）销售。未经出版者预先书面许可，不得以任何方式复制或抄袭本书的任何部分。

本书封面贴有清华大学出版社防伪标签，无标签者不得销售。
版权所有，侵权必究。举报：010-62782989，beiqinquan@tup.tsinghua.edu.cn。

图书在版编目 (CIP) 数据

Unity 特效制作：Shader Graph 案例精讲 / (西) 阿尔瓦罗·阿尔达著；周子衿译 .
北京：清华大学出版社，2025.5. -- ISBN 978-7-302-68832-7

Ⅰ . TP317.6
中国国家版本馆 CIP 数据核字第 2025QM7395 号

责任编辑：文开琪
封面设计：李　坤
责任校对：方心悦
责任印制：丛怀宇

出版发行：清华大学出版社
网　　址：https://www.tup.com.cn, https://www.wqxuetang.com
地　　址：北京清华大学学研大厦A座　　　邮　编：100084
社 总 机：010-83470000　　　　　　　　　邮　购：010-62786544
投稿与读者服务：010-62776969, c-service@tup.tsinghua.edu.cn
质 量 反 馈：010-62772015, zhiliang@tup.tsinghua.edu.cn

印 装 者：三河市春园印刷有限公司
经　　销：全国新华书店
开　　本：185mm×210mm　　　印　张：$13\frac{2}{3}$　　　字　数：394千字
版　　次：2025年5月第1版　　　印　次：2025年5月第1次印刷
定　　价：129.00元

产品编号：109955-01

译者序

　　Shader Graph 是 Unity 推出的一款可视化着色器编辑工具，有了它，开发者和艺术家可以专注于创意和视觉效果的实现，通过拖曳节点的方式来创建和编辑着色器，省去了自己动手编写 GLSL 或 HLSL 代码的烦恼。这种节点式编辑方式，即使是不熟悉编程的用户，也能快速上手和掌握。

　　在翻译本书的过程中，译者选取的是 Shader Graph 的最新版本 10.5，该版本有以下重要更新和特性改进。

- **Master Stack 主节点堆栈**：在 Unity 2020.2 中引入，取代了原有的 Master Node，顶点（vertex）与片元（fragment）渲染阶段运算间的关系变得更容易理解，着色器的创建也变得更为高效和灵活。
- **Graph Inspector 改进**：提供了更好的用户体验，将 Master Node 和其他节点的设置整合至一处，还让设置活跃渲染目标和着色模式变得更方便。
- **更多示例项目**：Unity 提供的示例项目可以帮助我们快速上手新的 Master Stack 功能，这些示例项目可以在 GitHub 上下载，我们可以从中了解如何使用 Shader Graph 制作水体等效果。
- **性能优化**：Shader Graph 允许我们通过可视化编程的方式创建着色器，无需深入了解底层的着色语言，使得艺术家和程序员都能够快速地试验和实现各种着色器效果，从而提升开发效率。
- **即时反馈**：Shader Graph 提供即时反馈，对不熟悉着色器创建的用户来说尤为方便，有利于加快迭代速度，便于我们快速预览和调整效果。
- **与 URP 和 HDRP 兼容**：Shader Graph 构建的着色器与通用渲染管线（URP）和高清渲染管线（HDRP）兼容，但与内置渲染器不兼容，这为使用这些渲染管线的项目提供了更多的可能。
- **节点参考示例**：Shader Graph 节点参考示例提供了 140 多个 Shader Graph 节点资源，可帮助我们了解每个节点的功能和工作原理。

- **虚拟纹理支持**：Shader Graph 支持虚拟纹理，这对处理大规模开放世界场景或高精度纹理需求的项目特别有用，因为它能显著减少显存的占用。
- **程序化图案示例**：Shader Graph 提供了一系列的程序化图案示例，如 Bacteria、Brick、Dots 等，这些示例展示了 Shader Graph 可能使用的各种程序化技术，让我们可以在项目中使用或编辑这些资源来创建其他程序化图案。

随着人工智能的进一步发展，Shader Graph 还可以发挥其更大的作用，比如在 Unity 中，Shader Graph 可以结合使用人工智能来实现深度学习超采样、环境遮挡、全局光照等高级渲染效果。据悉，Unity 实验室正在研究如何将卷积神经网络的推理能力集成到 3D 渲染通道中。

"大器晚成，大音希声，大象无形"，着色器的未来如何，且让我们共同来创造。

前言

欢迎来到 Unity Shader Graph 的奇妙世界！本书将引领你从零开始，循序渐进，逐步掌握 Shader Graph 的使用技巧。无论是初学者还是已有一定基础的中级用户，通过本书的学习，都将能够熟练运用 Shader Graph 自己动手开发着色器，进而为玩家创造出沉浸感更强的游戏体验。

在构建视觉震撼且沉浸式的现代游戏和计算机图形学项目中，着色器扮演着至关重要的角色。借助于着色器的力量，我们能够精细地控制光线与物体之间的互动方式，模拟出复杂多变的材质和纹理效果，从而塑造出鲜活生动的虚拟世界。Unity Shader Graph 正是这样一款强大且直观易用的工具，有了它，开发者和艺术家不需要编写复杂的代码就能轻松创造出个性化的着色器效果。

在本书中，我们将踏上一段激动人心的旅程，共同探索 Shader Graph 的基本概念和技术。本书面向初学者，不预设任何前置知识，而是逐步引导你从基础知识走向高级话题。无论你是有志于成为一名游戏开发者、3D 艺术家，还是一门心思只想着创造令人惊叹的视觉效果制作者，都可以从本书中了解到相关的基础技能和知识，从而自如地创建自定义着色器，把创意变为现实。

通过本书，你将全面掌握 Unity Shader Graph 特效制作，从实现简单的扫描线特效到复杂的材质模拟（比如卡通风格的水面），再到创建气泡粒子特效，甚至全息投影等高级视觉特效。

本书深入探讨着色器背后的原理，包括必备的数学基础和理论，以及它们的工作机制及其重要性。接着，本书介绍如何使用最新版本的 Shader Graph 来创作这些内容。凭借这款强大的视觉脚本工具，你可以让自己的游戏或作品达到新的高度，在视频游戏这个令人兴奋的领域中迈出坚实的步伐。

书中提供的大量逐步骤指南、实践操作示例和实用建议，可以加深你对 Shader Graph 的理解。此外，书中还要展示一系列真实世界的应用案例和示例，以激发你的创造力，并帮助你将着色器广泛应用于游戏开发、模拟以及视觉效果领域。

完成本书的学习后，你将完全掌握如何使用 Shader Graph 开发自己的着色器并能在 Unity 项目中创建惊人的视觉效果、逼真的材质和引人入胜的游戏场景。

让我们一起进入 Shader Graph 的精彩世界，解锁着色器带来的无限可能，让创意梦想照进现实吧！

简明目录

第 1 章 着色器简介
第 2 章 Shader Graph 简介
第 3 章 常用节点
第 4 章 动态着色器
第 5 章 Vertex 着色器
第 6 章 扭曲着色
第 7 章 高级着色器
第 8 章 交互式雪地效果

详细目录

第1章 着色器简介 001
1.1 着色器、网格和计算对象 001
1.2 着色器编程 007
1.2.1 顶点和片元着色器 008
1.2.2 着色器编程语言 009
1.2.3 着色器工具 Shader Graph 010
1.2.4 着色器的数学基础 011
1.3 小结 016

第2章 Shader Graph 简介 017
2.1 创建 Unity 3D 项目 017
2.2 Unity 编辑器 018
2.3 创建第一个着色器 019
2.4 创建材质 024
2.5 渲染管线 026
2.5.1 URP 管线 026
2.5.2 将项目升级到 URP 026
2.5.3 安装 URP 包 027
2.5.4 设置 URP 资源 029
2.5.5 升级旧有材质 031
2.6 Shader Graph 编辑器 032
2.6.1 Main Preview 选项卡 033
2.6.2 Blackboard 窗口 033
2.6.3 Graph Inspector 035

- 2.6.4 Master Stack ... 037
- 2.6.5 Vertex 块 ... 038
- 2.6.6 Fragment 块 ... 039
- 2.7 Shader Graph 元素 ... 053
  - 2.7.1 Nodes ... 053
  - 2.7.2 Properties ... 058
  - 2.7.3 Sticky Notes ... 062
- 2.8 小结 ... 062

第 3 章 常用节点 ... 063

- 3.1 UV 节点 ... 065
- 3.2 One Minus 节点 ... 068
- 3.3 Add 节点 ... 068
- 3.4 Clamp 节点 ... 069
- 3.5 Multiply 节点 ... 070
- 3.6 Sine 节点 ... 071
- 3.7 Time 节点 ... 072
- 3.8 Remap 节点 ... 074
- 3.9 Lerp 节点 ... 074
- 3.10 Fraction 节点 ... 077
- 3.11 Step 节点 ... 079
- 3.12 SmoothStep 节点 ... 080
- 3.13 Power 节点 ... 081
- 3.14 Position 节点 ... 082
- 3.15 Dot Product 节点 ... 084
- 3.16 Posterize 节点 ... 085
- 3.17 Procedural Noise 节点 ... 086
  - 3.17.1 Simple Noise 节点 ... 088
  - 3.17.2 Gradient Noise 节点 ... 089
  - 3.17.3 Voronoi Noise 节点 ... 089

3.18 Fresnel 节点 092
3.19 小结 093

第 4 章 动态着色器 095

4.1 3D 扫描线 098
4.1.1 使用 Position 节点显示对象坐标 098
4.1.2 使用 Split 节点定义垂直渐变 100
4.1.3 使用 Multiply 节点和 Fraction 节点实现重复 101
4.1.4 动态效果：使用 Time 节点和 Add 节点 103
4.1.5 对比度调整：使用 Power 节点 104
4.1.6 添加自定义颜色 105
4.1.7 使用点积节点设置自定义方向 107
4.1.8 公开属性 109

4.2 箭头图案 111
4.2.1 创建并设置 Line Renderer 111
4.2.2 创建对角线图案 114
4.2.3 使用 Absolute 节点创建垂直对称 115
4.2.4 使用 Fraction 节点和 Step 节点为箭头图案创建清晰的边缘 116
4.2.5 使箭头在 Line Renderer 上滚动显示 118
4.2.6 自定义箭头图案的颜色 119

4.3 消融效果 120
4.3.1 使用 Gradient Noise 节点创建噪声纹理 120
4.3.2 添加噪声纹理到 Alpha 输入 122
4.3.3 使用 Add 节点实现逐渐消融的效果 122
4.3.4 动态 PingPong 消融效果 124
4.3.5 沿自定义方向的消融效果 125
4.3.6 创建带颜色的溶解边缘 126

4.4 全息投影着色器 129
4.4.1 使用 Screen Position 节点创建垂直渐变 129
4.4.2 使用 Fraction 节点创建重复图案 131

4.4.3 使用 Noise 节点随机化图案 132
4.4.4 使用 Add 节点和 Time 节点创建动态图案 134
4.4.5 为渐变全息线条添加颜色 135
4.4.6 通过 Fresnel 节点增强效果 136
4.4.7 使用 Logic 节点和 Random 节点创建闪烁效果 139

4.5 重构着色器 142
4.6 小结 144

第 5 章 Vertex 着色器 145

5.1 程序性游鱼动画 146
    5.1.1 导入并设置鱼类网格 147
    5.1.2 获取小鱼模型的朝向 149
    5.1.3 使用正弦节点创建波形图案 152
    5.1.4 使波形模式动态化 153
    5.1.5 沿指定轴变形网格 155
    5.1.6 调整波形强度 158

5.2 体积雪效果 160
    5.2.1 将 3D 模型导入场景 160
    5.2.2 定义雪的方向遮罩 161
    5.2.3 沿法线挤出几何体 164
    5.2.4 修复破损的挤出网格 168
    5.2.5 添加遮罩颜色 170
    5.2.6 添加发光的菲涅耳效果 172

5.3 从黑洞中生成对象 174
    5.3.1 完成准备工作 175
    5.3.2 使顶点向网格中心坍缩 175
    5.3.3 设置坍缩的目标奇点 177
    5.3.4 根据顶点与目标奇点的距离来坍缩顶点 179
    5.3.5 添加坍缩发光颜色 182

5.4 小结 184

第 6 章 扭曲着色器 ... 185

6.1 冰纹理折射 ... 187
6.1.1 准备工作 ... 187
6.1.2 修改场景颜色以创建扭曲效果 ... 188
6.1.3 使用冰面纹理修改场景颜色 ... 188
6.1.4 使用冰面纹理修改场景颜色 ... 192
6.1.5 利用冰面纹理和颜色自定义着色器 ... 195

6.2 黑洞扭曲效果 ... 197
6.2.1 创建黑洞中心 ... 198
6.2.2 使用粒子系统实现广告牌效果 ... 200
6.2.3 使用 Twirl 节点创建螺旋纹理 ... 205
6.2.4 使用螺旋纹理修改场景颜色 ... 207
6.2.5 为螺旋纹理创建遮罩 ... 209
6.2.6 为螺旋纹理添加动态旋转 ... 212

6.3 小结 ... 214

第 7 章 高级着色器 ... 215

7.1 卡通风格的水着色器 ... 215
7.1.1 准备工作 ... 216
7.1.2 访问深度缓冲区以使用 Scene Depth 节点创建泡沫 ... 218
7.1.3 创建水波光影 ... 224
7.1.4 使用 SubGraph 复用节点组 ... 228
7.1.5 利用径向剪切添加径向变形 ... 230
7.1.6 为 Voronoi 单元添加移动效果 ... 232
7.1.7 添加额外的光影层 ... 234
7.1.8 为水波光影纹理添加颜色 ... 237
7.1.9 使水面顶点发生变形 ... 239

7.2 虹彩泡泡着色器 ... 245
7.2.1 准备工作 ... 246
7.2.2 创建和设置反射 ... 247

7.2.3 创建虹彩动态图案 255
7.2.4 添加薄膜干涉渐变 257
7.2.5 添加边缘透明度和颜色 261
7.3 小结 268

第 8 章 交互式雪地效果 269
8.1 配置场景 269
8.2 赋予角色移动能力 273
 8.2.1 设置 IDE 274
 8.2.2 创建角色移动脚本 277
8.3 创建雪地平面 3D 对象 281
 8.3.1 创建细分平面 282
 8.3.2 将平面导入 Unity 288
8.4 创建交互式雪地 Shader Graph 290
 8.4.1 Shader Graph 设置 290
 8.4.2 利用噪声进行位移 291
 8.4.3 为雪地添加颜色和遮蔽效果 293
8.5 与雪地交互 295
 8.5.1 使用渲染器纹理 295
 8.5.2 绘制角色的移动路径 298
 8.5.3 仅记录角色的移动路径 301
 8.5.4 更新 Main Camera 的剔除遮罩 303
8.6 将渲染器纹理用作位移遮罩 304
8.7 小结 308

第 1 章 着色器简介

着色器编程是现代视频游戏开发不可或缺的工具,它使开发者能够创建出惊人的真实图形和沉浸式游戏世界。着色器对于实现诸如光照、阴影、反射和纹理映射等效果至关重要,并已成为游戏开发流程的重要组成部分。但是,到底什么是着色器,它们是如何工作的呢?

本章将探讨视频游戏中的着色器编程。首先介绍着色器技术的历史和发展。然后,深入探讨着色器编程的基本原理,讨论不同类型的着色器及其在渲染管线中的作用。完成本章的学习后,你会对着色器编程有一个扎实的理解。这为探索视频游戏开发领域更高级的主题奠定了基础。

1.1 着色器、网格和计算对象

在视频游戏开发中,**着色器**(shader)是运行在图形处理单元(Graphics Processing Unit,GPU)上的小型应用程序,负责计算屏幕上每个像素的颜色和属性。着色器用于创建各种视觉效果,如光照、阴影、反射和纹理映射——对实现现代游戏所需的逼真和沉浸式图形至关重要。着色器通过操纵 3D 模型的几何和材质属性以及光源和相机的属性来计算每个像素的最终颜色。着色器最初由皮克斯(Pixar)动画工作室于 1988 年引入,当时的目的是计算 3D 元素的**投影**(shadow)。

如今,随着技术的进步,着色器得到了显著的发展,演变出液体着色器、纹理着色器以及动态表面着色器等多种形式。图 1-1 展示了本书要开发的一个具有动态卡通风格的水体着色器。

那么问题来了,具体如何创建着色器呢?

我们需要理解两个重要的概念:网格和计算对象。

图 1-1 具有卡通风格的水体着色器

在 3D 计算图形中，**网格**（mesh）是定义三维物体或表面几何结构的顶点和面的集合。网格是计算机图形学、仿真和计算几何学中使用的基本表示形式。每个物体(对象)[①]都由网格表示，该网格由顶点和三角形或四边形（即两个三角形）定义，如图 1-2 所示。

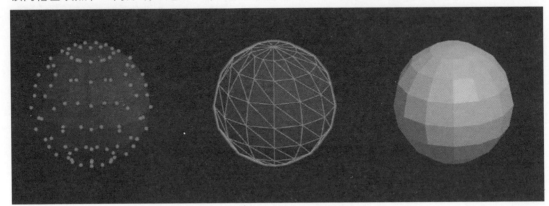

图 1-2 从左到右：顶点、三角形和完整的着色球体网格

网格由两个关键组成部分构成。

- 顶点（vertex）：这些是三维空间中定义物体形状和位置的点。每个顶点由其坐标（x, y, z）表示，并且可以存储颜色或纹理坐标等属性。
- 面（face）：这些是围绕空间中一个区域的多边形表面。面由三个或更多顶点通过边连接而成。面的常见类型包括三角形（三个顶点）、四边形（四个顶点）或更复杂的多边形。

关于网格，第一个重要的概念是顶点。

物体的顶点是空间中一系列的点，它们定义了物体在二维空间或三维空间中的表面区域。在 Unity 中，顶点的位置根据物体的中心来设置。可以使用顶点位置信息来创建多种着色器效果，如程序化雪、程序化动画、网格变形等（参见图 1-3）。注意，这里所谓的"程序化"，是指使用算法来自动生成图像、纹理或其他视觉元素，而不是手动创建数据或资源。

---

① 译注：后文会在不影响理解的情况下混用"对象"和"物体"，但在涉及编程时，使用"对象"一词。

图 1-3 通过对平面上的顶点进行变形而实现的旗帜效果

顶点具有额外的信息,本书以后会利用这些信息创建令人惊艳的着色效果。这些信息包括法线、UV 坐标和顶点颜色。

第二个重要的概念是法线。

想像一支箭从桌面垂直向上,这支箭就是桌面的法线。**法线**(normal)是多边形表面上的一个垂直向量 / 箭头(稍后就会定义向量的概念)。

如图 1-4 所示,法线被表示为从多边形表面向外指的箭头,指出要对哪一侧进行渲染。[1]

图 1-4 平面和球体上的法线

---

[1] 译注:法线的方向决定着多边形的正面。多边形的话,仅有正面可见。也就是说,当光线垂直照射到一个多边形的中心时,将沿着该点的法线方向反射。

■ **说明**：渲染（rendering）是指计算设备通过计算屏幕像素的颜色和光照，在屏幕上呈现 3D 场景图或 2D 图像的过程。

在确定光线如何与 3D 物体表面进行交互时，**法向量**（normal vector）[①] 起着至关重要的作用。当光线照射到表面时，其行为受表面方向的影响，而该方向由每个顶点的法向量定义。通过计算入射光线与法向量之间的角度，可以确定表面的反射、吸收或散射程度。

第三个重要的概念是 UV 坐标或纹理坐标。

在大家玩过的游戏中，是否有一些游戏允许更换主角的皮肤？这其实得益于角色网格的 UV 坐标。

UV 坐标是指"二维空间中的纹理坐标"，其中的 U 和 V 代表这个二维空间的两个坐标轴。这种表示法描述的是如何将纹理（通常是一张 2D 图像）映射到 3D 模型上，使得 GPU 可以将正确的颜色和图案应用于模型表面的每个像素。U 坐标和 V 坐标通常归一化为 0 到 1 之间的浮点值，它们确定了应该将纹理图（texture map）中的哪个像素映射到模型表面的一个特定像素。[②]

在 Blender 或 Maya 这样的 CAD 程序[③]中创建网格时，会为每个顶点生成 UV 坐标。这个过程被称为 **UV 映射**。如图 1-5 所示，当我们在 3D 建模软件中对模型进行 UV 映射时，实际上是将 3D 模型表面的一个部分展开到一个 2D 平面上并给这个 2D 平面分配一个图像，这个图像就是纹理。通常，程序会协助我们完成这项任务，因为根据网格的不同，这个过程可能会变得相当棘手。

---

① 译注：也可以称为"法线向量"。
② 译注：所谓"纹理图"，更通俗的说法是"纹理映射"或者"贴图"。GPU 使用 UV 坐标来确定模型表面上每个像素应该从纹理图中的哪个位置获取颜色。这样，GPU 就可以正确地将颜色和图案应用于 3D 模型。事实上，纹理（texture）最初的目的就是使用一张图片去控制模型的外观，让它看起来不那么单调。使用纹理图（贴图）技术，相当于把一张图片"贴"到模型表面，以此来控制模型的颜色和图案。
③ CAD（computer-aided design，计算机辅助设计）程序帮助开发者设计 2D 产品或 3D 产品。2D CAD 程序有 Photoshop、Krita 和 Illustrator 等。3D CAD 程序有 Blender、Maya 和 Fusion360 等。

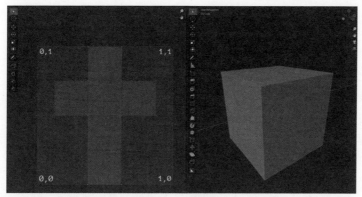

图 1-5 UV 映射的立方体,定义每个像素的 UV 坐标(由 Blender 生成)

图 1-5 展示了如何裁剪一个立方体并在 2D 平面展开。可以在这个展开的 2D 平面上绘制任何纹理,并在实际的 3D 模型中呈现该纹理。在图 1-6 中,我们为 3D 模型贴上了自制的骰子纹理。

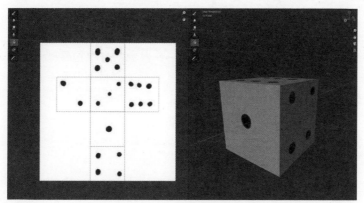

图 1-6 向立方体应用骰子贴图

第四个重要的概念是顶点颜色。

在导出对象时,CAD 程序可以为每个顶点分配颜色信息。这些颜色可以受到 3D 引擎内光照的影响(也就是说,可能发生改变)。此外,开发者也可以通过着色器来改变这些颜色信息。

这些颜色信息可以被着色器访问,用于直接为 3D 物体上色。此外,颜色还可以用来标识一组特定的顶点,这些顶点可以根据它们的颜色来选择,并用来修改该区域的其他属性,比如顶点的法线、透明度或其他相关特性。图 1-7 展示了一个例子,说明如何使用 Blender 软件为顶点上色。

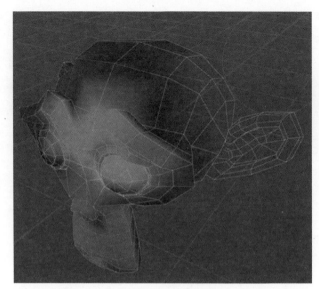

图 1-7 在 Blender 中为网格中的顶点上色

最后两个重要的概念是三角形和多边形。

多边形，特别是三角形，是计算机图形学中 3D 对象的基本构建单元。多边形是由多个顶点和边构成的一种闭合平面图形。三角形则是多边形的一种特例，具有三个顶点和三条边。在 3D 图形中，多边形用于表示 3D 对象的表面，而三角形是最常用的多边形类型。因为三角形具有一些特性，使其非常适合用于 3D 建模和渲染。

- 三角形是平面的：三角形的所有三个顶点都在同一平面上，这使得它们在三维空间中易于渲染和操作。
- 三角形具有固定的朝向：它们有一个明确的正面和背面，这使得容易为模型的不同部分应用不同的材质和纹理。
- 三角形很简单：它们只有少量的边和顶点，这使得它们可以很高效地计算。

除了三角形，3D 建模中还可以使用其他类型的多边形，如四边形和 n 边形，但它们通常不如三角形常见。一个网格拥有的多边形或三角形越多，其表面细节越丰富，但这也会导致 GPU 需要更多的时间和资源将其渲染到屏幕上。图 1-8 对比的是密集（高多边形）网格（左）和低多边形网格（右）。[1]

---

[1] 译注：低多边形网格（low poly mesh）是为优化性能而设计的，适合需要快速渲染的场景；而高多边形网格（high poly mesh）侧重于提供更高质量的视觉效果，适合不需要实时渲染的场景。

图 1-8 高多边形网格（左）与低多边形网格（右）

1.2 着色器编程

现在，我们已经了解了网格及其组成部分，接着探讨如何进行着色器编程，解释在渲染设备（如计算机或手机）内部具体由什么组件来运行这些程序。

计算机中有几个处理单元，但我们只讨论其中两个：CPU（中央处理器），用于处理通用逻辑运算、物理模拟和主要的游戏逻辑；GPU（图形处理器），负责图形渲染、浮点运算和通用计算机任务。CPU 只有一个线程来进行计算（顺序执行），而 GPU 可以有多达 10 000 个线程，这意味着 GPU 可以同时处理 10 000 个任务。[①] 图 1-9 展示了线程将一个红色方块转变成绿色球体的过程。

图 1-9 一个线程将红色方块转变成绿色球体

---

① 译注：计算机的 CPU 是支持多线程的，但为什么大多数游戏采用单线程呢？之所以大多数游戏开发都更喜欢采用单线程模式，是因为如果使用多线程引擎，那么子线程与主线程之间就需要进行频繁的数据传递，造成主线程经常要停下来等待子线程的反馈，而游戏中大多数据随机性很强（如计算 NPC 的运动、与周围环境的互动），这会降低线程调度的效率，导致游戏卡顿。

虽然针对每一帧画面都调用一个函数对于 CPU 来说是一项简单的操作，但必须对屏幕上的每个像素都执行一次屏幕着色效果函数。例如，在一台分辨率为 2880×1800、刷新频率为每秒 60 帧的显示器上，计算量将高达每秒 311 040 000 次！这些运算由 CPU 来执行是不现实的。它会被卡住，并且需要很长时间来处理这些运算，因为所有这些函数调用都必须一个接一个地顺序执行（参见图 1-10）。

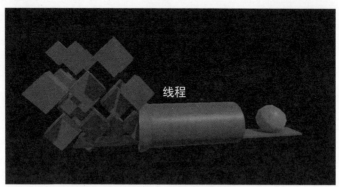

图 1-10 CPU 线程会因大量操作而卡住

为了避免这个问题，着色器将在 GPU 中运行。计算机、游戏机和手机使用 GPU 来渲染画面并执行数学浮点运算，让 CPU 专注于处理物理模拟、玩家的输入和游戏的整体逻辑。GPU 以并行方式工作，也就是说，它可以同时执行多项操作（参见图 1-11）。

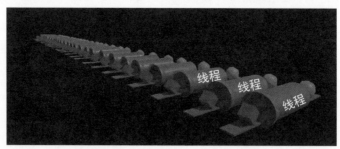

图 1-11 GPU 以多线程方式执行操作

1.2.1 顶点和片元着色器

在视频游戏中，人们使用多种类型的着色器来实现不同的视觉效果。这些着色器说明如下。

- 顶点着色器（vertex shader）：此类着色器对 3D 模型中的单个顶点进行操作，根据数学计算的结果变换它们的位置、朝向和颜色。

- 像素/片元着色器（pixel/fragment shader）：此类着色器对 3D 场景中的单个像素进行操作，根据涉及纹理、光照和其他环境因素的复杂计算确定它们的最终颜色。像素着色器用于创建详细的纹理、真实的反射和其他复杂的视觉效果。它们会用到由顶点着色器输出的共享信息。①
- 几何着色器（geometry shader）：此类着色器对 3D 模型的几何结构进行操作，实时生成额外的几何结构并修改现有的几何结构。几何着色器通常用于创建粒子效果、可变形物体以及其他动态视觉元素，如程序生成的草地或头发。
- 计算着色器（compute shader）：此类着色器在 GPU 上执行通用计算任务，允许开发者执行复杂的计算和模拟，这些计算和模拟在 CPU 上难以或不可能完成。计算着色器可以实现先进的物理模拟、人工智能算法以及视频游戏中其他复杂的系统，如 GPU 粒子和流体模拟。

在本书中，我们将特别关注顶点着色器和片元着色器，因为我们只制作对物体表面进行变形和上色的视觉效果。

1.2.2 着色器编程语言

如前所述，GPU 使我们能够快速执行数学计算，因为这些计算是并行的。由于"能力越大，责任越大"（引自电影《蜘蛛侠》），所以着色器必须用一种只有 GPU 能理解的特殊语言编写。

着色器编程语言的例子有 OpenGL（Open Graphics Language，开放图形语言）、CG（C for Graphics）和 HLSL（High-Level Shaders Language，高级着色器语言）等。它们非常相似，结构也大致相同。Unity 在其基础内置渲染管线中使用 CG，在通用渲染管线中则使用 HLSL。

以下代码展示了 HLSL 着色器的一个例子，它获取网格中顶点的颜色，并将其应用于相应的像素坐标作为输出：

```
// 这个结构体的作用是从顶点着色器将数据传递给片元着色器
struct vertex_to_pixel
{
    float3 color : COLOR;
};
// 这是片元着色器函数，它接收从顶点着色器传来的颜色信息
float4 main(in vertex_to_pixel IN) : COLOR
{
```

---

① 译注：顶点着色器会输出一些信息供后续阶段使用，例如顶点位置（变换后的顶点位置）、法线（用于计算光照）、纹理坐标（UV 坐标）和颜色，这些信息都是共享的。

```
    // 将接收到的颜色信息作为一个 float4 类型的颜色值输出到片元着色器
        return float4(IN.color, 1.0);
    };
```

尽管这是一本关于着色器开发的书,但我们的重点不是用某种语言来编写着色器代码。从 Unity 2018.1 版本开始,便引入了一种新的、可视化的着色器编程方式:Shader Graph。

1.2.3 着色器工具 Shader Graph

Shader Graph 是 Unity 提供的一种新工具,它支持以可视化编程方式创建着色器。**可视化编程**是一种无需编写代码即可编程的技术。在它提供的图形用户界面(GUI)中,我们可以连接执行特定操作的节点,并实现着色器的实时生成。图 1-12 展示了一个用于改变物体颜色的示例着色器。

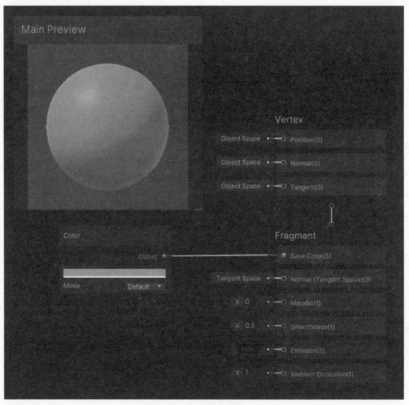

图 1-12 改变颜色

由此可见，可以直接访问片元着色器来改变物体片断的输出颜色。Shader Graph 能够实时生成一个新的着色器程序，该程序内含顶点着色器和片元着色器的所有计算步骤，而且在这个过程中不需要编写任何一行代码。

在第 2 章中，我们将在真实的 Unity 3D 项目中创建我们的第一个着色器，以此更深入地探索 Shader Graph 的强大功能。

1.2.4 着色器的数学基础

我明白有人已经迫不及待想要开始创建着色器了。不过，在动手之前，有必要先掌握一些基本的数学概念，这将帮助你更好地理解本书后续章节的内容。我们将首先介绍向量及其运算，随后介绍几种常用的坐标系统。

1.2.4.1 向量

向量（vector）是表示方向和大小的一个数学概念。我们通常使用向量来表示物理现象，如速度、力和加速度。

如图 1-13 所示，可以使用带有特定长度（大小）的一个箭头（方向）来表示向量。图中的向量使用笛卡尔坐标 x（水平）和 y（垂直）表示，因此，可以认为它们是二维向量。

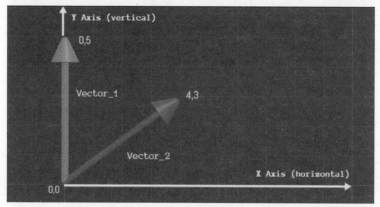

图 1-13 在坐标系中表示的 Vector_1 和 Vector_2

我们将向量写成由实数构成的一个元组（tuple）。这些实数称为**分量**（component），是向量在各轴上的投影。例如，图 1-13 中的 Vector_2 可以写作 Vector_2 = (4,3)，意思是水平方向长 4 个单位，垂直方向长 3 个单位。

Vector_1 则只有垂直分量，因此可以表示为 Vector_1 = (0,5)。

在游戏编程中,向量被用来指定角色速度、对粒子施加力、让摄像机面向玩家等。在本章之前的图 1-5 中,我们展示了由向量表示的顶点法线。

1.2.4.2 向量相加

可以将两个向量相加,方法是将它们对应的分量相加。例如:

Vector_1 + Vector_2 = (0,5) + (4,3) = (4 + 0, 5 + 3) = (4, 8)

向量的每次运算都会有一个有意义的视觉表示,这有助于我们更好地理解它们,并在着色器中看到实时的效果。为了以可视化的方式将两个变量相加,我们使用平行四边形法则,如图 1-14 所示。[①]

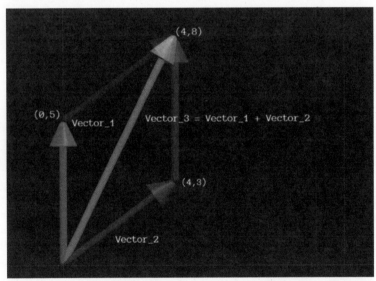

图 1-14 Vector_1 和 Vectror_2 相加的可视化表示

1.2.4.3 标量积

标量积(scalar product),也称为**点积**(dot product),指两个向量相乘后得到的标量值(一个实数)。标量积有两种计算方式:

Vector_1 • Vector_2 = (4 · 0 + 5 · 3) = (0 + 15) = 15
Vector_1 • Vector_2 = |Vector_1| * |Vector_2| * cos(Alpha)

其中,|向量|代表向量的长度,其计算公式如下:

---

① 译注:平行四边形的对角线代表的就是两个向量之和。

$$|\text{Vector}\_1| = \sqrt{4^2 + 3^2} = \sqrt{16+9} = \sqrt{25} = 5$$

$$|\text{Vector}\_2| = \sqrt{0^2 + 5^2} = \sqrt{25} = 5$$

由于两个向量的长度都是 5 个单位，所以它们的长度相同。

那么，cos(Alpha) 是什么呢？Alpha 是两个向量的夹角，余弦（cosine）则是一种运算，用于确定一个向量在另一个向量上的投影。可以通过从一个向量的末端画一条到另一个向量上的垂直线来图示这一过程，如图 1-15 所示。

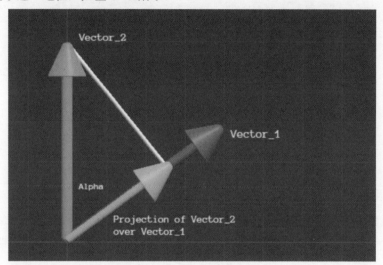

图 1-15 标量积的可视化表示

这非常方便，因为当 Vector_1 和 Vector_2 平行时，标量积达到最大值，此时 cos(alpha) = 1；而当它们垂直时，标量积为零，此时 cos(alpha) = 0。因此，通过执行数学运算，我们就可以知道两个向量相对于彼此的方向。[①]

为了给顶点上色，需要计算有多少光线照射到该顶点。光线之所以照射到顶点，是因为该顶点的法线与光线向量平行，因此 cos(alpha) = 1，如图 1-16 所示。

为了便于表示，这里使用二维向量的例子来演示这些运算。但这些运算同样适用于 3D 向量，只需添加第三个分量即可，如下所示：

Vector_4 = (vx, vy, vz);

---

① 译注：cos(0)=1，cos(90)=0。

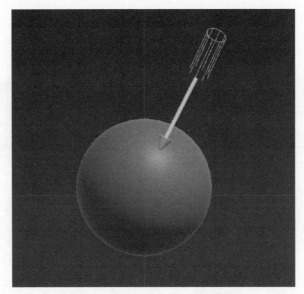

图 1-16 光线平行于顶点法线照射

1.2.4.4 坐标系

在计算机图形学中，坐标空间被用来描述 3D 场景中物体的位置和方向。在三维图形系统中，我们常用的坐标空间包括物体空间、世界空间和观察空间。每种空间都有自己的特点和使用场景。因此，理解它们的工作原理对于创建栩栩如生且沉浸式的 3D 环境至关重要。

我们将在本书中讨论以下三种空间：物体空间、世界空间和观察空间。

1. 物体空间

物体空间（object space）定义了一个局部坐标系，使得物体的各个组成部分（如顶点、法线等）都可以用相对于该物体所构成的网格的中心位置来描述。该中心位置称为**原点**，即 (0,0,0)。

以图 1-17 为例，假设有一个单位立方体（每条边的长度为 1 个单位）。已知立方体有 8 个顶点，所以假如想定义立方体左下角的一个顶点在物体空间中的位置，那么可以如下计算：

- 立方体的中心位于物体空间的原点 (0,0,0)。
- 由于立方体每条边的长度为 1 个单位，所以从中心到左下角顶点的距离在每个维度上都是半个单位长度，即 0.5 个单位。

因此，左下角顶点的位置可以如下表示：

Vertex = (-0.5, -0.5, -0.5)

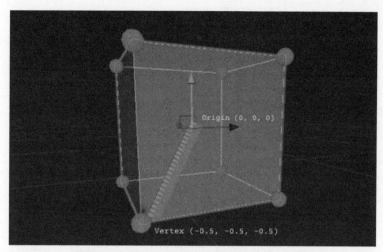

图 1-17 立方体左下角顶点在物体空间中的表示

2. 世界空间

世界空间（world space）是一种全局坐标系统,用于描述物体相对于整个场景的位置和方向。

世界空间坐标将原点置于世界位置 (0,0,0)，如图 1-18 所示。在这种坐标系统中,顶点的位置相对于场景中心而不是相对于立方体网格中心。

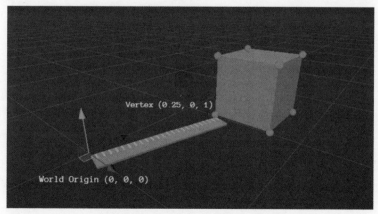

图 1-18 顶点在世界空间中的表示

从表面上看,顶点的位置似乎发生了改变,但实际上改变是用来测量其位置的参考点。

3. 观察空间

观察空间（view space）也称作**相机空间**（camera space），描述的是物体相对于当前正在观察场景的那台相机的位置和方向。如图 1-19 所示，这种坐标系统以相机位置作为坐标原点 (0,0,0)。

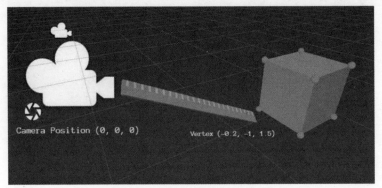

图 1-19 顶点在观察空间中的表示

需要应用一些依赖于用户当前视角的效果时，如雾化或消失粒子[①]，这个坐标系统非常有用。

1.3 小结

好了，我们已经完全掌握了本书最枯燥的部分。本章详细介绍了着色器的概念及其编写方法以及计划在不编写一行代码的情况下开发着色器。此外，本章还阐述了本书会用到的各种不同的坐标空间。

现在是时候动手实践了。在下一章中，我们将学习如何在 Unity 3D 中创建项目并使用 Shader Graph 自己动手开发第一个着色器。

---

① 译注：消失粒子是指粒子会随着时间的推移而逐渐消失或者根据某些条件逐渐淡出直至消失，可以用这种粒子模拟烟雾、火花、爆炸以及魔法特效。

第 2 章 Shader Graph 简介

在理解了着色器的基础知识后，我们就可以开始动手实践了。本章将创建我们的第一个 Unity 3D 项目和第一个着色器。然后，研究 Shader Graph Inspector，熟悉本书将要使用的这个主要工具。

2.1 创建 Unity 3D 项目

首先需要在电脑上安装 Unity，请从 Unity 官方网站（https://unity.com/download）下载。

双击刚刚下载的可执行文件，弹出的安装向导将指导你安装 Unity Hub。一般在这个界面中创建和组织 Unity 项目，如图 2-1 所示。

图 2-1 Unity Hub 界面

接下来，需要安装 Unity 编辑器。为此，请单击左侧菜单中的"安装"。随后就可以安装、卸载或修改 Unity 编辑器的不同版本。

单击右上角的"安装编辑器"，然后选择 LTS（长期支持）版本 2021.3.41f1c1。LTS 版本稳定并且"几乎"没有 bug。当你读到本书时，2021.3.41f1c1 并不一定是最新版本。不过可以选择使用这个版本，或者选择当前最新的 LTS 版本。[①]

---

① 译注：不管选择哪个 LTS 版本，安装时都注意勾选"简体中文"这个语言包。

第 2 章

在 Unity Hub 左侧的窗格中单击"项目",再单击"新建项目"。随后,可以选择想要使用的一个项目模板作为 Unity 项目的起点。向下滚动直至找到 3D Sample Scene(URP),然后单击"下载模板"以便能够创建 3D URP 项目。我们将选择这个 URP 模板,因为它默认包含了本书开发着色器所需的所有包(通用渲染管线和 Shader Graph 等)。①

模板下载完毕后,在右下角输入项目名称并选择项目创建位置。然后,单击"新建项目"按钮即可创建项目并打开它。

恭喜你,一个全新的 Unity 项目已经准备就绪,可以开始向其中填充各种各样出色的视觉效果了。下次启动 Unity Hub 时,已创建的项目会在窗口右下方的"项目"分区列出,单击即可打开。

2.2 Unity 编辑器

如果按照前面的步骤操作,会看到如图 2-2 所示的 Unity 编辑器界面。

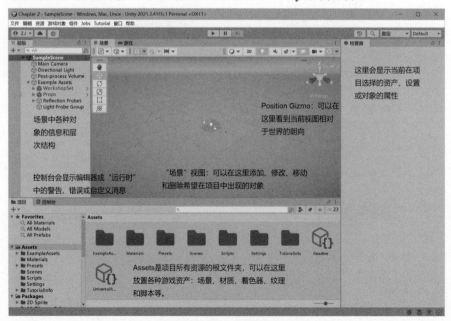

图 2-2 Unity 编辑器

---

① 译注:如果使用最新版本的 Unity 编辑器,并且找不到书中所说的模板,可以选择并下载 Universal 3D sample 模板。

Unity 编辑器提供了完全的可定制性。可以按照自己的意愿拖放任意标签并设置布局。还可以使用右下角的滑块来更改资源（Assets）图标的大小。具体的定制请自行尝试，这个主题超出了本书的范围。

熟悉编辑器的界面之后，接着就可以动手创建我们的第一个着色器了。

2.3 创建第一个着色器

为了创建着色器，首先要创建与着色器交互的对象。在"层级"选项卡中单击鼠标右键，从弹出的快捷菜单中选择"3D 对象"➤"胶囊"，如图 2-3 所示。

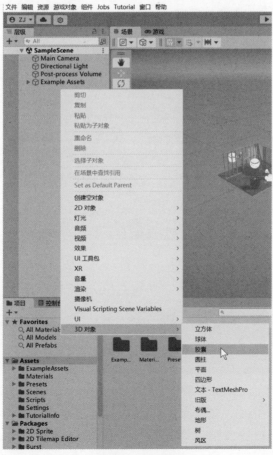

图 2-3 创建胶囊

随后在"场景"视图中创建一个漂亮的胶囊，如图 2-4 所示。注意，在选定胶囊对象的情况下，"检查器"选项卡会显示胶囊的各种组件，如下所示。

- 变换（Transform）：这是场景中每个物体都有的一个组件。它允许我们控制物体在场景中的位置、旋转和缩放。
- 网格过滤器（Mesh Filter）：这个组件加载我们想要显示的网格。本例是自动选择一个胶囊网格，但也可以更改它以显示任何我们想要的网格，例如，一个立方体。
- 网格渲染器（Mesh Renderer）：这个组件将会把一个或多个材质作为参考，并将其应用于物体。
- 胶囊碰撞体（Capsule Collider）：碰撞体用于创建边界，使物体能够通过 Unity 的物理系统与场景中的其他物体互动。

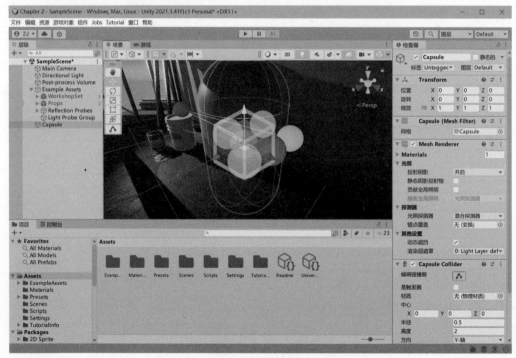

图 2-4 胶囊及其组件

要创建一个 Shader Graph，可在屏幕下方的"项目"选项卡的 Assets 文件夹中任意位置单击鼠标右键，然后从弹出的快捷菜单中选择"创建"▶Shader Graph▶URP▶"光照 Shader Graph"，如图 2-5 所示。

Shader Graph 简介

图 2-5 创建 Shader Graph

随后，在 Assets 文件夹中显示一个 Shader Graph 资源，请把它更名为 ShaderGraph，如图 2-6 所示。

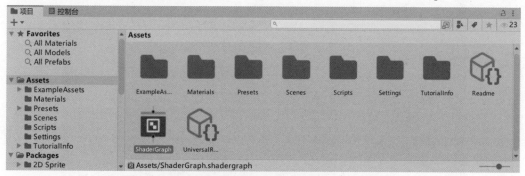

图 2-6 Assets 根文件夹中显示的 Shader Graph 资源

双击该资源，会出现如图 2-7 所示的 Shader Graph 编辑器。

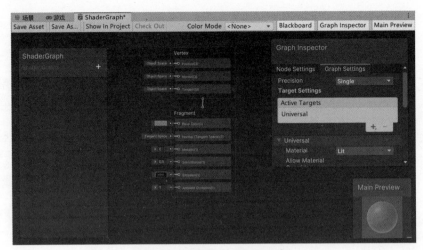

图 2-7 Shader Graph 编辑器

注意，这个窗口默认附着在 Unity 编辑器中，但可以拖动其标签使其成为一个单独的窗口。这样便可以自由放大方便操作。

我们将重点放在中间的两个块上，分别称为 Vertex（顶点）和 Fragment（片元）。本章稍后会详细研究这些块，但现在将试验使用它们来改变物体的颜色。直接单击 Fragment 块中的 Base Color（基础颜色）左侧的灰色框。随后会弹出一个标准调色板界面，可以从中选择颜色，如图 2-8 所示。

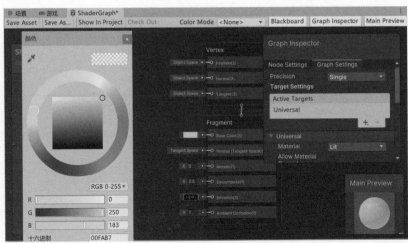

图 2-8 在片元着色器中更改基础颜色

现在，创建一个颜色输入节点。相较于修改现有节点的默认输入，创建一个输入节点显得更加灵活，因为这样做可以创建与新节点相关的一个属性，并且在代码中或者 Unity 编辑器的"检查器"选项卡中修改它。

为了创建一个新的颜色节点，请右击 Shader Graph 编辑器中的任意空白区域，并从弹出菜单中选择 Create Node。随后会弹出一个窗口，其中显示了可供创建的所有节点。在这个弹出窗口的顶部有一个搜索栏，可以在其中搜索特定的节点。在本例中，请输入 Color。

如图 2-9 所示，双击 Input ▶ Basic 下方的 Color 选项，创建一个颜色节点。

图 2-9 创建颜色节点

可以单击颜色节点内的颜色方块来更改颜色输出。然后，如图 2-10 所示，将"颜色节点"的输出拖到"Fragment 节点"的 Base Color 输入，就可以将该节点的输出赋值给 Base Color。

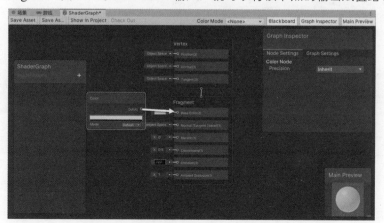

图 2-10 为基础颜色创建并设置自定义颜色

最后，单击左上角的 Save Asset（保存资源）。现在，着色器已准备好可以用于我们的胶囊了。但是，在使用之前，需要先创建一个材质供该着色器使用。①

2.4 创建材质

在视频游戏中，材质和着色器密切相关并协同工作，以创造三维物体的最终外观。材质定义了物体的视觉属性，如颜色、纹理、透明度或者着色器可以访问的任何自定义变量。

当一个材质被应用到游戏引擎中的物体时，它会链接到一个特定的着色器，后者控制物体的渲染方式。着色器使用材质中定义的属性来计算物体的最终外观。

可以采取两种方式将着色器关联到材质。

- 在资源文件夹中的着色器单击鼠标右键，然后选择"创建"▶"材质"，如图 2-11 所示。这样创建的材质将默认加载关联的着色器。

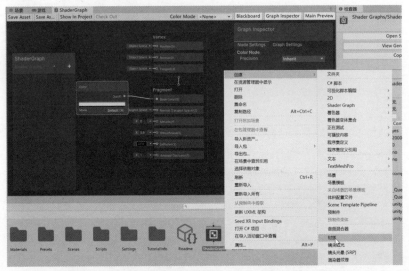

图 2-11 依据着色器创建材质，创建两者的默认关联

---

① 译注：在 Unity 中，着色器通常不会直接应用于物体，而是通过材质来间接应用。因此，需要创建一个材质资源，并将着色器指定给这个材质。材质可以包含其他属性，如纹理贴图等，这些属性会影响最终的渲染效果。换言之，着色器（shader）和材质（material）的关系可以简单如此概括：着色器是规则集，它定义了如何根据光照、材质属性等来计算像素的颜色。就好比菜谱，描述了如何烹饪一道菜。相反，材质相当于菜品，它将着色器应用到具体的物体上，并设置各种参数（如颜色、纹理、光泽度等），就像根据菜谱制作出的具体菜肴。

- 在屏幕下方"项目"标签页资源文件夹中右击任意空白位置,然后选择"创建"▶"材质"。这样会创建一个默认材质,它关联了默认的管线"光照着色器"。如果要分配一个不同的着色器,请单击刚才创建的材质,再单击右侧"检查器"顶部的 Shader 下拉列表。然后,导航至 Shader Graphs▶"你的着色器名称",再次单击将它分配给材质,如图 2-12 所示。

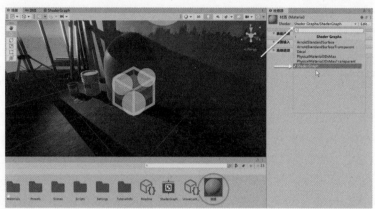

图 2-12 为材质分配着色器

现在,可以将材质资源拖放到场景中的胶囊上,或者将材质拖放到"层级"中列出的物体上,或者像图 2-13 那样将材质分配给胶囊的 Mesh Renderer 组件。

图 2-13 为胶囊分配材质

可以将多个材质分配给 Mesh Renderer，以提供更大的灵活性和可定制性。通过为单个 Mesh Renderer 分配多个材质，开发人员可以创造出更复杂、更细致的视觉效果。

例如，想象一个汽车 3D 模型。通过为汽车的不同部分分配不同的材质，比如车身、窗户和轮胎，开发人员可以创造出一台更加真实和细节满满的汽车。车身可能使用带有光泽效果的金属材质，而窗户可能使用模拟玻璃的透明材质，轮胎则可能使用具有哑光效果的橡胶材质。

好了，我们已经创建了第一个着色器，为其关联了材质，并将材质分配给了 Unity 项目中的一个对象。接下来，让我们深入了解 Unity 为用户提供的不同渲染管线。

2.5 渲染管线

Unity 的渲染管线（rendering pipeline）是一种控制系统，它控制游戏引擎如何在屏幕上渲染图形。该管线由一系列步骤构成，每个步骤处理与游戏视觉外观相关的数据。Unity 的渲染管线负责将 3D 模型、纹理和其他资源转换成呈现在屏幕上的二维图像。

Unity 提供了几种不同的渲染管线，每种都有其自身的优点和限制。在 Unity 中最流行的渲染管线包括内置渲染管线（built-in render pipeline）、通用渲染管线（universal render pipeline，URP）和高清渲染管线（high-definition render pipeline，HDRP）。

2.5.1 URP 管线

本书主要使用 URP，因为这种管线使用了多种现代渲染技术来优化渲染性能，其中包括 GPU 实例化、动态分辨率缩放和遮挡剔除（occlusion culling）等。URP 非常适合为移动平台制作高性能游戏，以及为 PC 或游戏机平台创作视觉效果出众的游戏。它还方便我们利用多种工具，比如专门为 URP 设计的 Shader Graph 和 VFX Graph（一种基于节点的视觉脚本工具，用于创建复杂的粒子效果和其他视觉特效，如爆炸、火焰和烟雾等。这些效果在 GPU 上运行）。

凭借其轻量级且高效的设计，加上用户友好的工作流程，URP 成为开发人员当前的热门选择。

2.5.2 将项目升级到 URP

前面展示了如何在 Unity Hub 中创建 URP 项目。但有时候，我们需要把原本未在使用 URP 的项目改为使用 URP。举例来说，我们可能不小心把项目创建为使用内置渲染管线的项目，或者想将很久以前创建的一个项目升级到 URP。

为了演示如何实现这一点，本节将在 Unity Hub 中创建一个使用内置渲染管线的 3D 项目，如图 2-14 所示，并把它升级到 URP。

图 2-14 创建使用内置渲染管线的项目

再创建一个基础颜色为绿色的材质，并将其命名为 Old Material，如图 2-15 所示。

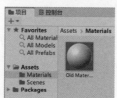

图 2-15 在内置管线中创建的材质

现在，我们已经设置好了一个使用内置渲染管线的项目，接下来要做的是安装 URP 包。

2.5.3 安装 URP 包

在打开的 Unity 编辑器中，单击顶部工具栏中的"窗口"▶"包管理器"以打开包管理器窗口，在这个窗口中，可以查看 Unity 项目中预安装的所有包，如图 2-16 所示。

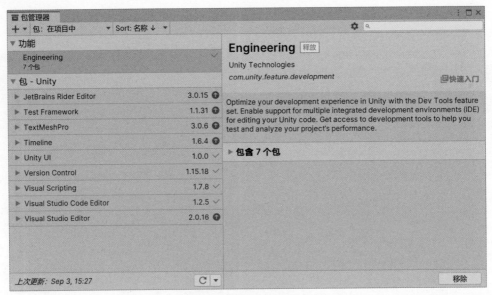

图 2-16 包管理器窗口

为了安装新的包,请单击左上角显示"包:在项目中"的下拉列表,从中选择"Unity 注册表",如图 2-17 所示。

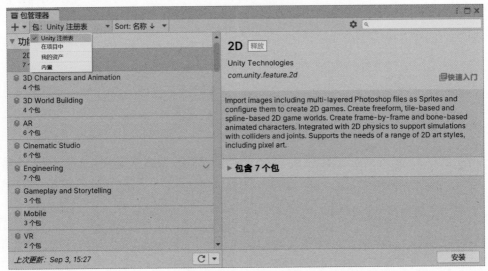

图 2-17 Unity Registry 包

然后，在左侧列表中向下滚动鼠标滚轮，找到 Universal RP 包，然后选择它并单击包管理器窗口右下角的"安装"按钮，如图 2-18 所示。

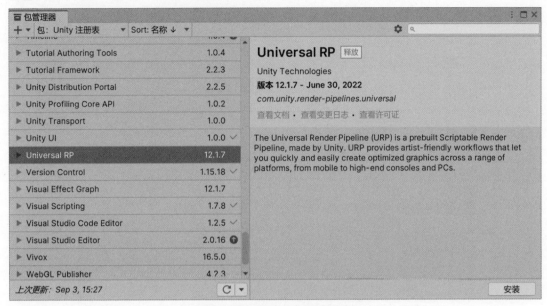

图 2-18 选择要安装的 URP 包

单击"安装"按钮后，Unity 将显示安装进度条。进度条走完后，URP 就正确安装到项目中了。URP 依赖于 Shader Graph 包，因而 Shader Graph 包也会一并安装。

现在，我们需要让图形管线使用 URP 作为默认管线，不再使用原来的内置管线。

2.5.4 设置 URP 资源

接下来，我们需要将一个 URP 资源分配到游戏的图形设置中，以便将 Universal Render 设为新的渲染管线。

右键单击项目窗口的空白处，选择"创建"▶"渲染"▶"URP 配置文件（带通用渲染器）"。Unity 会创建两个脚本化对象，如图 2-19 所示。

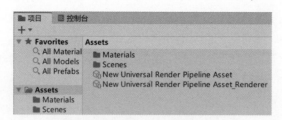

图 2-19 创建的 URP 设置资源

单击 New Universal Render Pipeline Asset 后，就可以更改所有与游戏外观相关的设置（比如阴影、深度纹理、不透明纹理、光照设置等）。

像 URP 和 HDRP 这样的脚本化渲染管线就有这个最大的优点：用户可以在一个简单易用的用户界面中调整各项渲染设置，打造游戏的最终视觉效果，如图 2-20 所示。

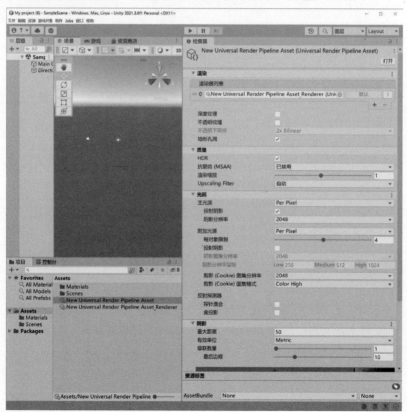

图 2-20 URP 资源的各个渲染设置

创建好 URP 资源后，就可以在 Unity 编辑器顶部工具栏中选择"编辑"➤"项目设置"➤"图形"，然后将新创建的资源拖放到"可编写脚本的渲染管道设置"一栏中，如图 2-21 所示。

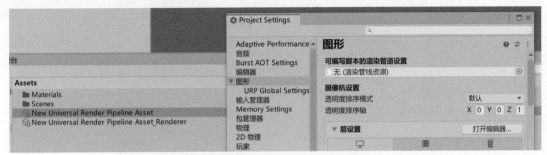

图 2-21 在图形设置中设置 URP 资源

这时会弹出一个提示框，显示"更改此渲染管线可能需要大量时间"，单击"继续"，游戏随后就可以在强大的通用渲染管线中运行了。但是，我们遇到了一个问题——之前的材质无法正常工作，显示为难看的洋红色，这种颜色通常意味着发生了错误。

2.5.5 升级旧有材质

之前的材质是基于内置渲染管线的计算库设置的，这意味着它们无法在新的 URP 中正常编译，而是会显示为无光照的洋红色，如图 2-22 所示。

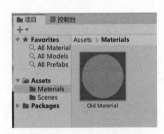

■ 说明：洋红色用于表示着色器未正确编译，因为它不属于可见光谱。大脑通过将红色和紫色（颜色光谱的两端）平均化来感知这种颜色。但严格来说，洋红色是不存在的。

图 2-22 材质无法编译

在编辑器顶部的工具栏中，选择"编辑"➤"渲染器"➤"材质"➤"将选定的内置标准材质转换为 URP"，如图 2-23 所示。

选择后，会弹出一个窗口，提示我们材质和着色器将被重写，因此如果将来需要切换回内置渲染管线，请确保进行备份。单击 Proceed（继续），材质将升级为 URP，并且能够像之前一样正常工作。

现在，我们已经在所需要的管线上配置好了一切，应该着手学习本书中的主要工具 Shader Graph 编辑器了。

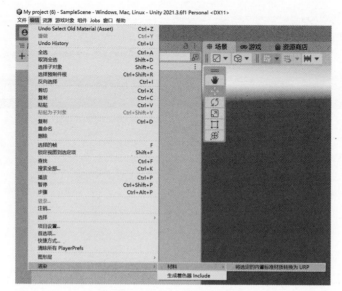

图 2-23 升级选定的材质部分

2.6 Shader Graph 编辑器

Shader Graph 编辑器的设计十分用户友好且易于操作，即使是在着色器编程方面缺乏经验的开发者，也能轻松上手。它提供了一个预构建节点的库，开发者可以组合和修改这些节点，创建各种视觉效果。本节将介绍 Shader Graph 编辑器界面的主要组成部分，在开发过程中，它们将协助我们完成各项工作：

- Main Preview（主预览视图）选项卡 [①]；
- Blackboard（黑板）窗口；

---

① 译注：理解编辑器界面上不同的 UI 元素，对我们熟练掌握编辑器大有帮助。最为常见的几个元素有：选项卡（tab），一种 UI 控件，用于切换不同的内容区域，通常包含一个标题及其内容区域；窗格（pane），用于显示特定内容，类似于面板，是一个可滚动或固定的容器区域，如日志窗口或资源列表；面板（panel），一种容器组件，用于组织和布局其他 UI 元素，可以包含按钮、文本、图像等子元素；窗口（window），一个独立的、可移动和调整大小的界面单元，通常包含多个面板或视图；视图（view），一个用于显示和管理列表等的区域，通常与面板和窗口结合使用，用于显示动态内容，比如游戏的在线聊天窗口和任务列表等；分区（section），一个逻辑上的分区，用于将 UI 界面划分为多个部分，通常用于组织内容，它可以包含多个选项卡、面板或者视图。总的说来，选项卡可以是面板和分区的组成部分，面板可以包含视图或选项卡，窗口则可以包含多个面板或分区。

- Graph Inspector（图形检查器）面板；
- Master Stack（主堆栈）。

若想打开或关闭前三个界面，单击 Shader Graph 编辑器右上角的按钮即可，如图 2-24 所示。

图 2-24 Shader Graph 顶部的工具栏

2.6.1 Main Preview 选项卡

如图 2-25 所示，Main Preview（主预览视图）选项卡展示了一个预定义的网格模型，使开发者能够实时观察着色器更改后的效果，而不需要次次都编译和运行游戏。可以通过在 Main Preview 窗口内单击右键并选择所需的网格来更改预览网格。

图 2-25 Main Preview 选项卡

2.6.2 Blackboard 窗口

Blackboard（黑板）窗口是管理 Shader Graph 中的属性和变量的中心枢纽。开发者可以直接在 Blackboard 窗口中创建和编辑属性和变量，然后在 Shader Graph 的不同节点中使用它们。这简化了管理和修改着色器属性和变量的过程。想要修改特定值的时候，开发者无需在 Shader Graph 的各个节点中进行搜索，可以直接在 Blackboard 窗口中找到并修改相应的属性或变量。现在，在颜色节点上单击右键并选择 Convert to ▶ Property，将颜色节点添加到 Blackboard 中，如图 2-26 所示。

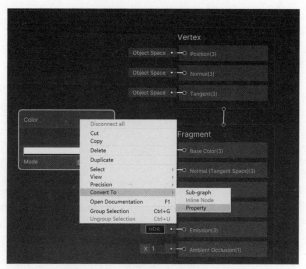

图 2-26 将 Color 输入节点转换为属性

创建 Color 属性后，它将被添加到 Blackboard 中，如图 2-27 所示。

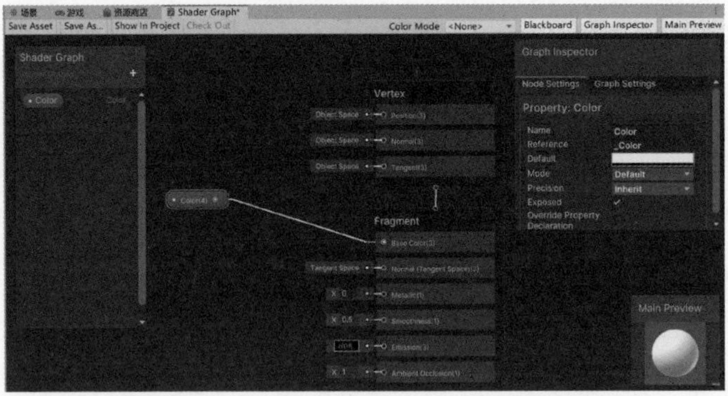

图 2-27 添加到 Blackboard 中的 Color 属性

此外，也可以通过单击 Blackboard 右上角的 + 按钮，选择一种类型并为其命名来创建属性。创建完毕后，就可以将属性拖动到画布上，Shader Graph 编辑器将会自动创建该属性的新节点，可以作为输入节点使用。

如图 2-27 所示，在 Blackboard 或 Shader Graph 编辑器中选择某个属性后，Graph Inspector 的 Nodes Settings（节点设置）选项卡中将会显示该属性的详细信息。

现在，Color 属性将被公开并允许编辑。如图 2-28 所示，在 Unity 编辑器的"项目"选项卡中的 Assets 文件夹下，可以看到两个不同的材质，它们使用了相同的着色器，但 Color 属性不同。

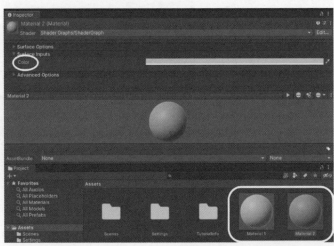

图 2-28 着色器相同但 Color 属性不同的两个材质

2.6.3 Graph Inspector

Shader Graph 中的 Graph Inspector（图形检查器）是一个面板，它提供了对当前选择的节点或节点组以及整个着色器属性的额外控制和设置选项。

Graph Inspector 面板可以根据上下文变化，这意味着根据所选节点或节点组的类型的不同，它会显示不同的选项。例如，如果选择的是纹理节点，Graph Inspector 面板就会显示纹理分辨率、平铺和过滤属性等选项，而如果选择的是数学节点，它则会显示设置操作类型、输入值和输出范围的选项。

Graph Inspector 面板主要分为以下两个部分：
- Graph Settings（图形设置）；
- Node Settings（节点设置）。

2.6.3.1 Graph Settings 选项卡

Graph Settings 选项卡用于更改着色器的常见渲染设置，如图 2-29 所示。

- Precision（精度）：用于更改着色器在计算过程中使用的浮点数的精度。Single（单精度浮点数）精度比 Half（半精度浮点数）更精确，但会占用更多的计算资源。
- Active Targets（活动目标）：用于更改着色器运行的渲染管线；由于我们将使用 URP，不建议更改此设置。
- Material（材质）：用于更改要生成的材质类型：
  - Lit：受光照影响的 3D 材质，能够为对象生成逼真的阴影效果。
  - Unlit：如果不希望着色器受光照影响，可以选择该选项，它在性能上比 Lit 更具优势。
  - Sprite Lit 和 Unlit：与上述选项类似，但专门用于精灵（这是一种 2D 元素）。
  - Decal：生成像"贴纸"一样附着在对象上的着色器，它受光照影响，能够创造出 3D 的错觉。
- Allow Override Material（允许覆盖材质）：勾选此复选框后，Graph Inspector 面板下的 Surface Options 折叠菜单将显示所有图形设置选项。
- Workflow Mode（工作流模式）：可以在 metallic（材质反射）或 specular（改变高光反射颜色）之间切换。

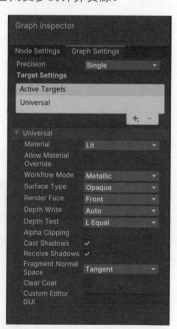

图 2-29 Graph Settings 选项卡

- 表面类型（Surface Type）：可以将对象设置为 transparent（透明），这可以用来创建渐隐效果，让游戏对象直接消失。
- Render Face（渲染面）：用于指定渲染网格多边形的哪一面。选项包括背面（例如，如果你想从内部看到力场）、默认的正面，或同时渲染两边。
- Depth Write（深度写入）和 Depth Test（深度测试）：这两个参数比较复杂，将留到必要时再讲解，但大体而言，它们允许用户根据顶点与摄像机的距离以及其在 z 轴上的深度来评估顶点。这些参数通常涉及到雾计算、透明和半透明颜色混合等效果。
- Alpha Clipping（Alpha 裁剪）：用于设置阈值，在达到这个阈值时，材质会从完全不透明变为完全透明。
- Cast Shadows & Receive Shadows（投射阴影和接收阴影）：这两个设置的作用不言自明。
- Fragment Normal Space（片元法线空间）：本书不会深入探讨这个设置，但可以明确的是，与着色器中法线贴图的计算方法息息相关。
- Clear Coat（清漆层）：在基础材质上添加第二个材质层，模拟一个透明的薄涂层，它的平滑度被设为最大值。
- Custom Editor GUI（自定义编辑器 GUI）：有时，着色器可能包含一些特殊的数据类型，无法通过内置的 Unity 材质编辑器很好地呈现。Unity 允许用户覆盖着色器属性的默认显示方式，定义自己的显示方式。

2.6.3.2 Node Settings 选项卡

Node Settings（节点设置）选项卡展示了 Shader Graph 编辑器中选定节点的可编辑信息。每个节点可能都有独立的设置。例如，单击我们创建的 Color 节点时，可以看到如图 2-30 所示的几个设置。

图 2-30 Node Settings 选项卡

- Name（名称）：属性的公开名称。
- Reference（引用）：如果需要从代码中访问该属性，这是用于标识该属性的字符串。
- Default（默认值）：在创建使用此着色器的材质时，该属性默认将采用的值。
- Mode（模式）：在本例中，切换到 HDR 模式将允许我们设置光照强度，这对于发光材质非常有用。
- Precision（精度）：继承自图形设置，但可以在此覆盖原本的设置。
- Exposed（公开）：如果取消勾选此复选框，该属性将不会在 Unity 材质检查器中显示。
- Override property declaration（覆盖属性声明）：如果勾选此复选框，共享同一材质的不同对象将能够单独覆盖此属性，并且用户可以在不创建新材质实例的情况下，动态更改不同对象上的该属性。

2.6.4 Master Stack

Unity Shader Graph 中的 Master Stack（主堆栈）由一系列节点和设置构成，它们共同定义了 Shader Graph 的整体行为和输出。作为顶级节点，它决定了如何组合和处理 Shader Graph 中的各个节点和功能，以创建最终输出。

如图 2-31 所示，Master Stack 将会汇总收 Shader Graph 中执行的所有计算结果，并传递给 Vertex（顶点）和 Fragment（片元）着色器。Master Stack 又进一步分为两个部分：Vertex 块和 Fragment 块。

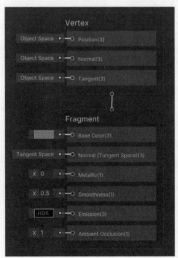

图 2-31 包含 Vertex 块和 Fragment 块的 Master Stack

2.6.5 Vertex 块

在 Vertex 块中，可以修改网格表面上每个顶点的以下三个主要属性：
- Position（位置）节点；
- Normal（法线）节点；
- Tangent（切线）节点。

2.6.5.1 Position 节点

通过调整 Vertex 块中的 Position 节点，可以改变顶点的位置，以实现多样化的变形效果（参见图 2-32）、程序化动画以及其他令人印象深刻的效果。

2.6.5.2 Normal 节点

顶点的法线表示该顶点的方向，基于该顶点周围三角形的法线的平均值。改变顶点的法线将改变对象与光照的交互方式。如图 2-33 所示，根据每个顶点的法线值的不同，同一对象会呈现出光滑或棱角分明的外观。

图 2-32 通过改变网格顶点位置所产生的变形效果

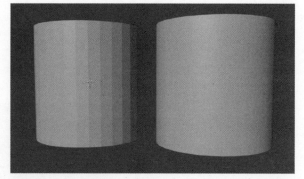

图 2-33 每个顶点的法线值决定表面是有棱角（左）还是光滑的（右）

2.6.5.3 Tangent 节点

顶点的切线值在 3D 图形中扮演着至关重要的角色。它用于定义模型表面相对于其纹理空间的方向，并支持一系列高级纹理和着色技术．它与顶点的法线向量垂直。通常，如果修改了顶点的法线值，也应相应调整切线值，以免对象表面出现畸变。

2.6.6 Fragment 块

Fragment 块是 Main Stack 中的核心部分，它决定了 Shader Graph 的最终输出是如何生成的。Fragment 块包含一系列节点和设置，用于定义着色器如何处理构成屏幕上 3D 对象最终输出的二维图像的像素（或片元）。

2.6.6.1 Base Color 节点

Base Color（基础颜色）此节点会为每个像素分配一个输出到屏幕上的颜色（图 2-34）。可以在此处为对象分配一个经过 UV 映射的纹理，也可以像图 2-34 中那样使用纯色，甚至还可以根据像素在屏幕上的相对位置来更改其颜色。本书将运用不同的技术来修改屏幕上代表对象的像素颜色。

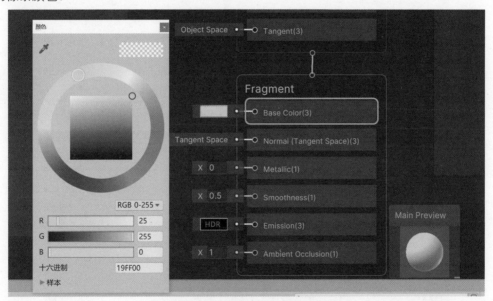

图 2-34 使用 Base Color 节点改变颜色

2.6.6.2 Normal 节点

Normal（法线）用于赋予像素不同的光照交互（图 2-35）。法线贴图将表面法线信息编码到纹理的 RGB 通道中，纹理中的每个像素通过 RGB 颜色值来表示该点的法线方向（即表面朝向的方向）。这使得材质能够在不改变实际网格的情况下，在对象表面模拟凹凸或微小变形的效果。

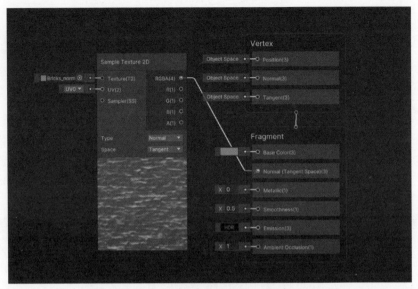

图 2-35 Fragment 块中的 Normal 节点上的法线贴图

图 2-36 展示了同一个对象未使用法线贴图（左侧）与使用法线贴图（右侧）的对比。

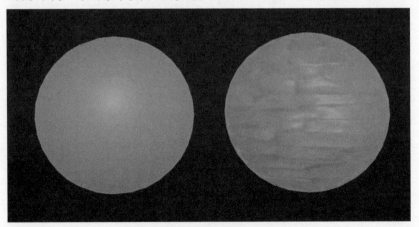

图 2-36 使用法线贴图前后的对比

2.6.6.3 Metallic 节点

Metallic（金属性）指在现实世界中，金属物体的表面有自由电子，这些电子会吸收光能并将其反射回去，因而金属会反光，如图 2-37 所示。

图 2-37 现实世界中的金属制品

在游戏图形中,材质的 Metallic 决定了其表面看起来有多闪亮和反光。Metallic 值较高的材质会像镜子一样高度反光,而 Metallic 值较低的材质则更偏向于漫反射。

在 Graph Inspector 面板中选择 Metallic Workflow 时,就可以看到 Metallic 属性,这个节点接收一个 0 到 1 之间的浮点值来控制材质的反射程度(图 2-38)。可以使用反射探针(reflection probe)来让材质反射场景中的天空盒以及反射探针周围的对象。本书的后续部分将会进一步讲解如何设置反射探针。

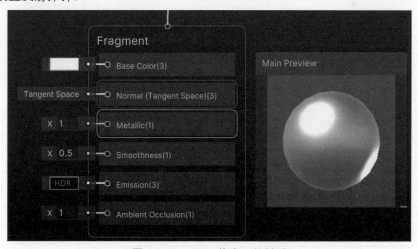

图 2-38 Metallic 值为 1 的材质

2.6.6.4 Smoothness 节点

Smoothness（平滑度）决定着对象表面的光滑程度。举例来说，手机屏幕是一个完全光滑的表面，而橡皮或粘土模型的表面则不光滑。不光滑的材质表面有一些不平整的地方，能够捕捉并改变光线的路径。这种效果可以通过平滑度输入来模拟。

该属性接受一个从 0 到 1 的浮点数，平滑度为 0 表示吸收光线，而平滑度为 1 表示反射光线，如图 2-39 所示。

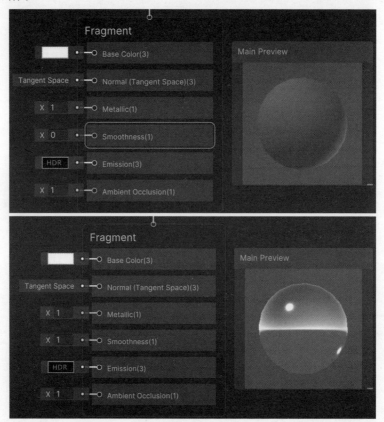

图 2-39 平滑度 =0（上）与平滑度 =1（下）

2.6.6.5 Emission 节点

在游戏中，Emission（自发光）通常用于模拟发光或被照亮的表面。举例来说，为了模拟月亮的自然发光，需要为它设置较高的值。同理，车灯（图 2-40）也可以通过设置 Emission

来实现。此外,自发光也可以用来吸引玩家的注意力,比如让场景中的重要按钮发光,提示玩家按下这个按钮。

图 2-40 真实世界中具有自发光特性的不同光源

在 Emission 节点中,可以设置一个颜色值,这个值决定了对象自发光的强度(图 2-41)。这个自发光效果会根据 HDR 颜色输入中的强度参数以及后处理体积(post-processing volume)的阈值强度(threshold intensity)来产生泛光效果(bloom)。泛光是一种后处理效果。

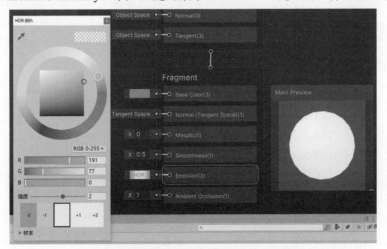

图 2-41 应用了强度为 2 的自发光颜色的材质

只有在 Unity 编辑器中正确设置了后处理体积后,自发光效果才能正常工作。下一小节将进一步解释后处理效果(比如前面讲到的自发光或泛光效果)的定义及用途,以及如何设置一个后处理体积对象来在游戏中展现这些效果。

图 2-42 展示了一个球体，其表面应用了之前创建的着色器。

图 2-42 场景中附加了自发光材质的对象

2.6.6.6 Post-Processing Effects 节点

Post-Processing Effects（后处理效果）指对场景中每个渲染完成的图像（即每一帧）施加的视觉效果。图 2-43 展示了启用和禁用后处理效果的同一场景的对比，上半部分场景使用的后处理效果包括暗角（vignette）、泛光（bloom）、色调映射（tone mapping）和颜色调整（color adjustments）等等，下半部分则未应用后处理效果。请注意，包含这些资源的场景 3D Sample Scene URP 模板可以从 Unity Hub 下载。

图 2-43 启用和禁用后处理效果的对比

这些效果会提取相机捕获的最后一帧的颜色缓冲区，并在其上应用视觉操作，生成一个修改后的帧，这就是最终要渲染到屏幕上的画面。后处理效果能够大幅提升游戏的视觉质量，但会对 GPU 性能造成较大负担，因此在游戏中使用这些效果时要谨慎，尤其是在为移动平台开发游戏的时候。

3D URP 模板项目的默认场景包含一个预设的 Post Processing Volume 对象，它带有 Volume 组件，该组件负责运行和调整后处理效果，如图 2-44 所示。

图 2-44 Post Processing Volume 游戏对象

如果没有 Post Processing Volume 游戏对象和 Volume 组件，后处理效果将不会启用，着色器中的某些效果（比如自发光）也就无法正常运行。让我们对比一下在启用和禁用后处理体积的情况下，图 2-41 中的自发光着色器的效果，如图 2-45 所示。

URP 3D 模板项目中的模板场景默认创建并设置了 Post Processing Volume 游戏对象。如果未在使用这个模板，可以将 Volume 组件添加到此层级中的任意对象上。我个人喜欢将其添加到 Camera 对象上，因为后处理是一项与摄像机紧密相关的渲染功能。当然，也可以创建一个新的空对象，并为其添加 Volume 组件。

将 Volume 组件添加到游戏对象上的步骤如下。

- 选择想要添加 Volume 组件的游戏对象。
- 在选中对象的情况下，转到"检查器"选项卡。
- 单击"检查器"选项卡底部的"添加组件"按钮。
- 在搜索框中输入 Volume 并选择搜索结果中的第一个选项，如图 2-46 所示。

图 2-45 启用和禁用后处理体积的对比　　　图 2-46 为对象添加 Volume 组件

添加后，可以看到配置文件一栏是空的。可以把"项目"选项卡中现有的任意设置文件拖拽过来，或者单击"新建"按钮创建一个新设置文件，它会自动被引用并存储到项目中，如图 2-47 所示。

图 2-47 成功创建并加载的设置文件

这个配置文件是一个特殊的资源，用于存储后处理效果及其内部配置。接下来，为了添加泛光效果，请单击"添加覆盖"按钮，选择 Post Processing ▶ Bloom 来添加泛光效果，如图 2-48 所示。

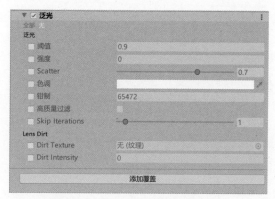

图 2-48 添加了泛光的后处理效果

目前还看不到什么变化，黄色球体并未发光。原因在于，阈值和强度设置默认已禁用。现在，请单击"阈值"和"强度"复选框以启用它们，然后将强度值调高至 1，如图 2-49 所示。

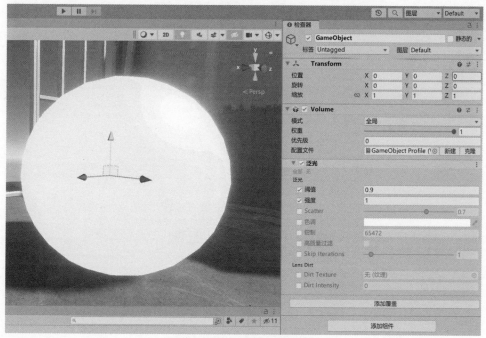

图 2-49 调整泛光的设置

由于黄色被过度曝光，画面显得过于明亮了。因此，为了使效果更柔和，我们将添加另一种后处理效果：色调映射（tone mapping）。色调映射的主要作用是确保最终图像在视觉上更赏心悦目，同时避免细节丢失或过度曝光的问题。

为了添加并设置色调映射效果，请按以下步骤操作。
- 单击"添加覆盖"，选择 Post Processing ▶ Tone Mapping。
- 勾选"模式"复选框，并在下拉菜单中选择 ACES，如图 2-50 所示。

图 2-50 添加了泛光和色调映射的后处理效果

可以根据想要在游戏中实现的最终效果，从以下几种模式中进行选择。
- 无：如果不想应用色调映射，选择此选项。
- Neutral（中性）：如果只想进行范围重映射，尽可能地减少对色调和饱和度的影响，则可以选择此选项。这通常是进行大范围颜色分级（color grading，也称"调色"）的良好起点。
- ACES：选择这个选项可以应用接近参考 ACES 色调映射器的近似值，让图像的色彩和亮度更接近电影效果。它的对比度比 Neutral 模式更高，并且会对实际的色相和饱和度产生影响。如果选择这一选项，Unity 会在 ACES 色彩空间中执行所有颜色分级操作，以获得最佳精度和效果。

建议在每次需要在 HDR 模式下添加颜色输入或在着色器中应用自发光效果时，都使用上述后处理体积和设置。

确保 Camera 对象中的 Camera 组件勾选了"后处理效果"复选框（图 2-51）。否则，"游戏"视图将不会显示任何后处理效果，并且游戏最终也无法应用这些效果。

图 2-51 在 Camera 对象中勾选"后处理效果"复选框

后处理效果是一个非常深奥的话题，本书将不会深入探讨。不过，Unity 提供了大量文档来详细介绍其他可以用于增强游戏视觉表现的后处理效果。

2.6.6.7 Ambient Occlusion

Ambient Occlusion（环境光遮蔽，AO）是针对电子游戏图形设计的着色和光照技术，用于模拟环境光如何被附近的对象遮挡或散射。通过使相邻对象之间的区域变暗、空旷区域变亮，这项技术能够在场景中营造纵深感和真实感，并节省实时光照/着色计算消耗的大量资源。

如图 2-52 所示，Ambient Occlusion 贴图可以在没有三维凸起的物体上增加额外的阴影和纵深感，避免额外进行光照计算。

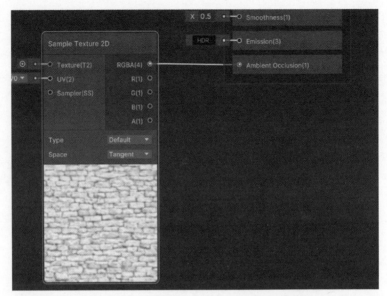

图 2-52 为对象指定 Ambient Occlusion 贴图

这个数值可以用来确定一个像素会在多大程度上被场景中的其他对象（例如墙壁）遮挡光源。图 2-53 展示了两个球体，一个未应用环境光遮蔽贴图，另一个应用了环境光遮蔽贴图。

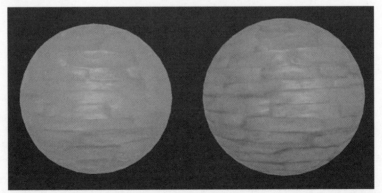

图 2-53 未应用环境光遮蔽贴图的材质（左）与应用了环境光遮蔽贴图的材质（右）对比

2.6.6.8 Alpha

像素的 Alpha（透明度）的取值决定了像素的透明度，换句话说，就是决定了玩家能够透过它看到多少内容。该节点接受从 0（完全透明）到 1（完全不透明）的值。

在 Graph Settings 选项卡中把 Surface Type 改为 Transparent 后，就可以在 Fragment Inspector 中输入 0 到 1 之间的值，来控制材质的透明度，如图 2-54 所示。

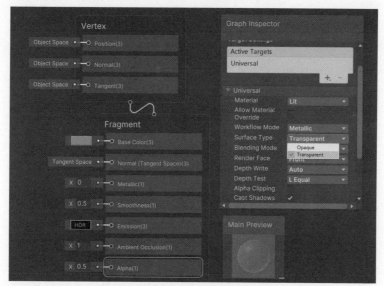

图 2-54 Alpha 值设为 0.5 的材质

图 2-55 展示了一个 Alpha 值为 0.5 的半透明球体，玩家能够看到这个球体，并且能够透过它看到场景中其他的对象。

图 2-55 透明材质在场景中的效果

2.6.6.9 Specular Color 参数

在 Graph Settings 选项卡中将 Workflow Mode 从 Metallic 切换为 Specular 之后，就可以改变对象表面反射的高光的颜色，如图 2-56 所示。

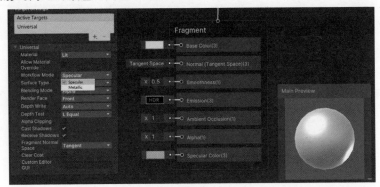

图 2-56 镜面反射颜色已更改

Specular 工作流和 Metallic 工作流是 Unity 材质使用的两种着色模型。Metallic 工作流使用 metallic 参数定义表面的反射率，该参数的取值范围是 0（非金属）到 1（完全金属）。

在 Specular 工作流中，表面的反射率由 Specular Color（镜面反射颜色）参数决定，该参数定义了镜面高光的颜色。

图 2-57 中的球形对象应用之前创建的着色器，当光线照射到表面上时，它产生了具有自定义颜色的反射效果。

图 2-57 应用高光着色器的球体，带有自定义颜色反射

2.7　Shader Graph 元素

本节将介绍在 Shader Graph 编辑器的主要元素及其使用方法：
- Nodes（节点）
  - Create Nodes（创建节点）
  - Ports and Connections（端口和连接）
  - Node Previews（节点预览）
  - Grouping Nodes（分组节点）
- Properties（属性）
  - Properties Settings（属性设置）
    - Reference（引用）
    - Exposed（公开）
    - Default（默认值）
    - Modes（模式）
- Redirect Elbows（重定向拐点）
- Sticky Notes（便利贴）

2.7.1　Nodes

Nodes（节点）是 Shader Graph 编辑器使用的主要元素，它们被分类为不同的组。节点可以是输入到操作节点中的单独数值，操作节点会执行不同的数学运算，以实现所需的效果。

本节将说明如何在 Shader Graph 编辑器中创建节点，下一章则会详细介绍各种可以使用的节点，其中包括本书将会用到的一些重要节点。

2.7.1.1　Create Nodes

就像本章开头提到的那样，如果想要创建节点，可以在 Shader Graph 编辑器中的空白处单击鼠标右键，然后选择第一个选项 Create Node（创建节点）。

这将展开一个分类下拉菜单，其中包含所有可选择的节点。若要选择某个节点，只需左键单击节点名称上方的下拉菜单，接着再次左键单击节点的名称，即可在 Shader Graph 编辑器中实例化它。图 2-58 展示了创建 Float 输入节点的示例。

可以看到，选择节点的弹出窗口还包含一个搜索栏，可以在其中输入节点名称，以进行搜索。

2.7.1.2 Ports and Connections

每个节点都配备了输入和输出端口（port），这些端口以小圆圈的形式表示。输入端口始终位于节点的左侧，而输出端口则位于右侧，如图 2-59 所示。

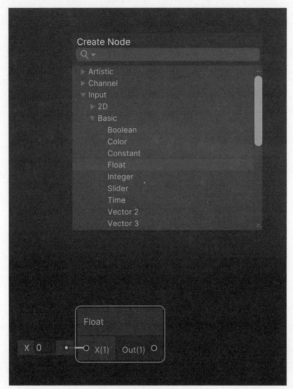

图 2-58 创建 Float 节点

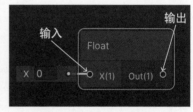

图 2-59 输入和输出端口

可以通过单击端口并按住鼠标左键，然后拖动到另一个端口来创建连接。输出端口只能连接到输入端口，不能将输入端口连接到另一个输入端口，也不能将输出端口连接到另一个输出端口。此外，一个输出端口可以与多个其他节点建立连接，但一个输入端口只能有一个连接。

若想删除连接，可以在选中连接线后单击右键并选择 Delete（删除），或者在选中连接线直接按下键盘上的 Delete 按钮。

图 2-60 展示了不同输入节点是如何与一个接收输入的操作节点相连接的。尤其值得关注的是，我们将 UV 坐标和纹理资源输入到纹理采样器中，它将把 RGBA 颜色输出到 Fragment 块的 Base Color 中。

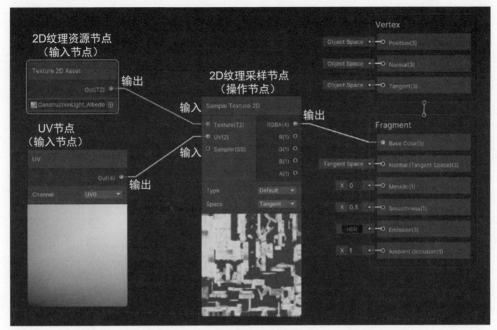

图 2-60 连接示例

端口名称旁边的括号总是包含一个键码值，表示节点输入所需的数据类型，这也可以通过连接的颜色来区分。以下是不同数据类型所对应的键码和颜色标识：

- Float（1），浅蓝色
- Vector2（2），绿色
- Vector3（3），黄色
- Vector4（4），粉色
- Color（仅属性，但它在 Graph 中会自动转换为 Vector4 类型，因此也是粉色）
- Matrix（2×2，3×3 或 4×4），蓝色
- Boolean（B），紫色
- Texture2D（T2），红色
- Texture2DArray（T2A），红色
- Texture3D（T3），红色
- Cubemap（C），红色
- Virtual Texture（VT），灰色

- SamplerState（SS），灰色
- Gradient（G），灰色

与其他数据类型不同，不同大小的向量可以连接到其他大小的向量端口。例如，Vector3 或 Vector4 可以连接到 Vector2 端口，如图 2-61 所示。

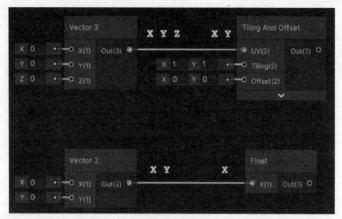

图 2-61 向量截断

这将导致向量被截断。对于 Float 输入端口，只有 X/R 分量会被使用，而 YZW/GBA 会被截断。对于 Vector2，XY/RG 分量会被使用，而 ZW/BA 会被截断；对于 Vector3，XYZ/RGB 分量会被使用，而 W/A 会被截断。

如图 2-62 所示，其他一些操作节点（例如 Add、Subtract、Divide、Multiply 等操作）也有一定的灵活性，它们能够根据输入类型进行调整，从而处理不同的数据。

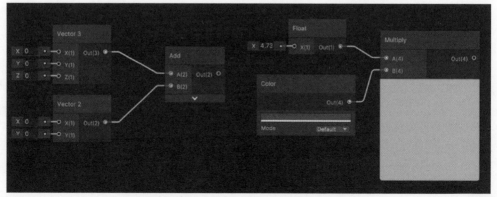

图 2-62 部分操作节点拥有动态输入端口

2.7.1.3 Node Previews（节点预览）

你可能已经注意到，有些节点底部带有一个小窗口，这被称为 Node Previews，它会根据接收到的输入，显示节点执行操作后的结果。这个功能很有用，有助于检查着色器开发过程中的每个步骤是否正确执行。

在图 2-63 中，可以看到 sine（正弦函数）在按预期工作，生成了一个波形的重复模式，而它的输入是一个经过放大处理的 Polar Coordinates（极坐标）输出。

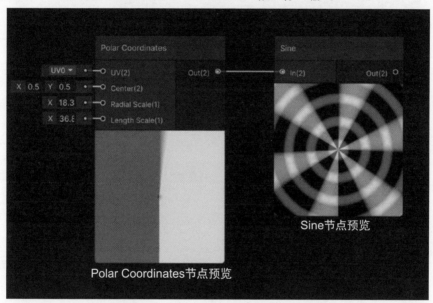

图 2-63 Polar Coordinates 与 Sine 节点预览

2.7.1.4 Group Nodes（分组节点）

俗话说得好："勤扫庭前花前树，一尘不染心自舒。"随着 Shader Graph 变得越来越复杂，我们经常会被杂乱无章的连接线搞得晕头转向。为避免这种情况，最好将节点按功能分组，以便更好地管理它们。要创建分组，只需选中所有要归为一组的节点，右键单击其中一个，然后选择 Create Group（创建组）即可，如图 2-64 所示。

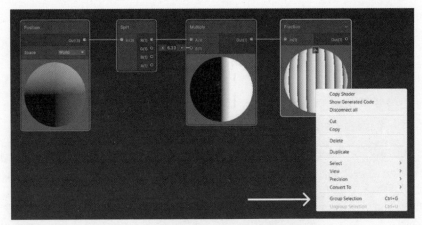

图 2-64 将节点归为一组

接着,可以立即为该分组命名,也可以之后通过双击来重命名。

现在,可以将这些节点当作一个单独的节点来操作,统一移动或删除,如图 2-65 所示。

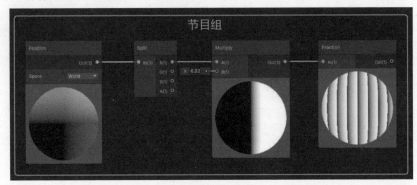

图 2-65 节点组

此外,还可以通过拖放来将其他节点添加到现有的节点组中。

2.7.2 Properties

Properties(属性)是 Shader Graph 中最强大且灵活的工具。它们是转换为公开变量的输入节点,可以在 Shader Graph 编辑器之外进行调整。这使得用户可以在引用相同着色器的情况下创建不同的材质,而不必创建多个着色器来实现相似的效果。

只有部分数据类型的变量可以转换为公开属性，例如 float、Vector2、Vector3 和 Color。

要将输入节点转换为公开属性，只需右键单击该输入节点，并从弹出的快捷菜单中选择 Convert To ▶ Property（转换为 ▶ 属性）即可。转换后，输入节点会变成一个带有属性名称和输出值的小方框。这个新节点会显示在 Blackboard 中，并且可以在 Graph Inspector 面板中调整一些设置，如图 2-66 所示。

图 2-66 转换后的输入节点

使用这个 Shader Graph 创建材质时，会看到这个属性已经在检查器中公开，并且可以实时修改，如图 2-67 所示。

2.7.2.1 Properties Settings

Properties Settings（属性设置）包含一系列设置，具体取决于属性的类型。这些设置可以在 Graph Inspector 面板中进行调整，以提升着色器开发体验。

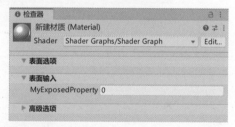

图 2-67 在"检查器"选项卡中公开的属性

- Reference（引用）

引用是属性的内部名称。在需要通过自定义脚本访问或修改该属性的值时，就会用到这个名称。引用通常以下划线 _ 开头，在用户更改变量名称时，它也会随之更新。

- Exposed（公开）

如果取消勾选此复选框，属性将不会显示在材质的"检查器"选项卡中。

- Default（默认值）

每次创建引用此 Shader Graph 的新材质时，属性都会使用这个默认值。

2.7.2.2 Modes（模式）

不同的属性类型具有不同的模式。例如，对于 Float 属性，可以选择的模式如下。

- Default（默认）：在材质的"检查器"中显示常规的 float 字段。
- Slider（滑块）：相当于着色器代码中的 Range（范围）属性。可以设置最小值和最大值，属性在"检查器"中显示为滑块，如图 2-68 所示。

图 2-68 设置为 Slider 模式的 Float 属性

对于 Color 属性，可以选择的模式如下。
- Default：常规颜色设置。在材质检查器中，每个颜色分量的值被限制在 0 到 1 的范围内。
- HDR：颜色分量的值可以超出 0 到 1 的范围。在材质的"检查器"中，这种设置通过在颜色选择器 UI 中添加一个"强度"滑块来体现，如图 2-69 所示。

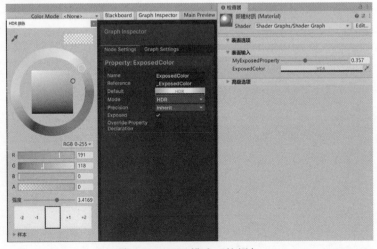

图 2-69 HDR 模式下的颜色

2.7.2.3 Redirect Elbow

有时,连接线可能会被一些节点遮挡,导致它们难以辨识,并且很难分辨确切的连接点,如图 2-70 所示。

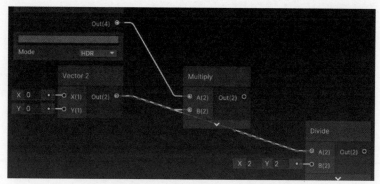

图 2-70 连接线重叠的情况(可读性较差)

为了使连接线更加清晰,可以添加 Redirect Elbow(重定向拐点),在同一条连接线的不同位置上创建桥接点,如图 2-71 所示。

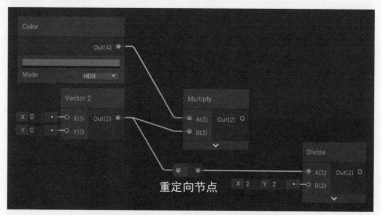

图 2-71 重定向后的连接(可读性良好)

Redirect Elbow 可以通过双击连接线(或右键单击连接线并从下拉菜单中选择)来创建。它可以像常规节点一样移动或删除。

2.7.3 Sticky Notes

我们可以利用这些元素来在 Shader Graph 中记录重要的笔记，就像脚本中的注释一样。它们非常有用，可以用来解释某些默认值的作用，或者说明选择某个节点的原因，当然，也可以随意在上面写一些有趣的东西，如图 2-72 所示。

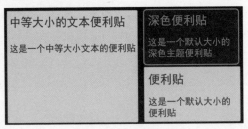

图 2-72 便利贴示例

若想创建便利贴，可以右键单击 Shader Graph 编辑器中的空白区域，然后选择 Create Sticky Note（创建便利贴）。

右键单击便利贴可以更改一些参数或执行一些操作，具体如下：
- 调整文本大小；
- 在浅色和深色主题之间切换；
- 自动调整文本以适应便利贴的尺寸。

2.8 小结

在本章中，我们完成了 Unity 的初始设置，包括从创建第一个项目到在新场景中创建第一个 Shader Graph 等一系列操作。我们还学习了如何升级和配置 URP 项目，它将是本书主要使用的渲染管线。

此外，本章深入讨论了各个 Vertex 和 Fragment 节点，这些节点负责处理材质的各种属性，如顶点位置、基础颜色、法线等。

本章还研究了后处理效果，并学习了如何设置 post-processing volume（后处理体积）来在游戏中实现美轮美奂的自发光效果。

最后，本章介绍了 Shader Graph 编辑器中的几乎所有元素和界面，我们将主要使用这些工具来创建视觉效果。

下一章将讨论本书会用到的一些至关重要的节点。

第 3 章 常用节点

Shader Graph 提供了大量节点来创建出色的着色器效果。截至最新版本，Shader Graph 拥有超过 200 个节点，但我们只会学习那些将在本书项目中使用的节点。若想查看 Shader Graph 中的所有节点，请查阅《Unity 使用手册》的 Shader Graph 相关内容。[①]

根据用途和计算方式，节点分为以下几类。

- Artistic（艺术）：与颜色和遮罩的表现相关的节点。
- Channel（通道）：与处理向量和颜色各个分量相关的节点。
- Inputs（输入）：这个大类涵盖了超过 100 个输入节点，涉及颜色、向量、环境纹理采样器，甚至包括场景摄像机设置。
- Math（数学）：涵盖了各式各样的数学运算，从正弦运算到乘法计算等。
- Procedural（程序化）：这些节点使用数学未着色器生成程序化纹理，例如噪声、棋盘格、几何形状等。
- Utility（实用工具）：这类节点可以简化创建效果的过程。其中，逻辑节点可以处理条件分支和不同的场景；自定义函数节点允许用户编写自己的代码；子图节点可以在不同效果之间复用部分着色器。
- UV Nodes（UV 节点）：这类节点允许用户访问对象的 UV 坐标，部分节点甚至能够修改这些坐标，以实现不同的视觉效果。
- Block Nodes（块节点）：这类节点作为主节点中的输出显示；其中一些节点已经在前文提到的 Fragment 着色器中出现过，比如基础颜色、法线、金属性、平滑度、透明度等。

在本章中，我们将创建一个新项目，并妥善运用 Unity 为提供的示例模板。模板中包含的预定义资源可以用来实现着色器。如果感兴趣的话，也可以自行创建测试资源。

为了下载该模板，请打开 Unity Hub 并选择"项目"▶"新项目"，然后向下滚动鼠标滚轮，直到看到如图 3-1 所示的 3D Sample Scene (URP) 模板。接着，单击右下角的"下载模板"按钮，然后单击"创建项目"。我将项目命名为 Chapter3_Nodes。

[①] https://docs.unity3d.com/Packages/com.unity.shadergraph@16.0/manual/Node-Library.html

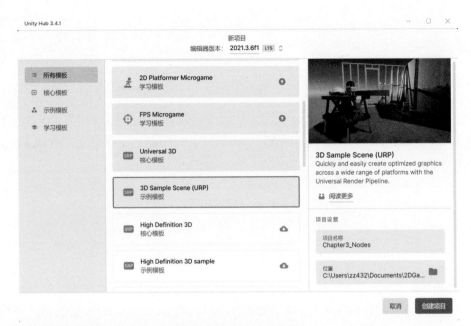

图 3-1 下载 URP 场景模板

项目加载完毕后，可以看到类似于图 3-2 的场景。

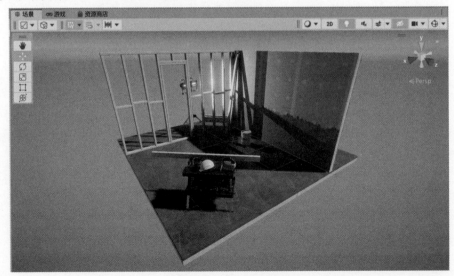

图 3-2 URP 示例场景

该场景中的每个元素都有自己的材质，并加载了默认的着色器。为了实验各种节点的效果，我们将创建自定义着色器。再继续阅读下一节之前，可以随意看看"项目"选项卡中的文件夹，大致了解一下这些资源，并根据需要整理它们。

3.1 UV 节点

Unity 使用颜色来表示轴的方向：x 轴：红色；z 轴：蓝色；y 轴：绿色。正如"场景"视图右上角的 Gizmo（可视化辅助工具）所示（图 3-3）。Gizmo 是显示在"场景"视图或"游戏"视图中可视化标记，表示 Unity 世界的坐标系统。

UV 节点将访问映射到对象网格上的 UV 坐标。该节点将显示从（0,0）到（1,1）的 UV 坐标。根据颜色对应关系，可以看到（1,0）表示 x 坐标的最大值，对应红色；而（0,1）表示 y 坐标的最大值，对应绿色。（1,1）将显示为黄色，这是红色和绿色的中间值（图 3-4）。任何等于或小于 0 的值将显示为黑色。

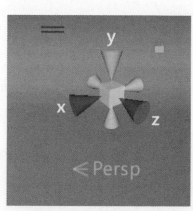

图 3-3 颜色与轴的对应关系

图 3-4 UV 输入节点

接下来，我们将创建一个着色器来直观地展示 UV 在不同对象上的映射方式。在"项目"选项卡中创建一个 URP Shader Graph，然后创建一个 UV 节点，并将其连接到 Fragment 着色器的 Base Color 节点上，如图 3-5 所示。

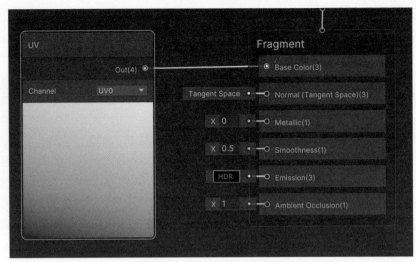

图 3-5 展示 UV 映射的着色器

接着，可以用这个着色器创建一个材质，并将其拖放到场景中的对象上，或者在对象的 MeshRenderer 组件上设置它。在那之前，别忘了单击 Shader Graph 窗口左上角的 Save Asset（保存资源）。图 3-6 展示了这些对象是如何进行 UV 映射的。

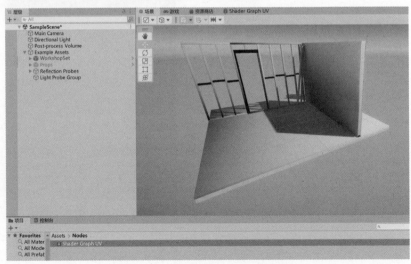

图 3-6 示例对象的 UV 坐标颜色对应

Sample Texture 节点会利用这些信息来在对象上映射纹理。我们可以参照图 3-7，对创建的着色器进行调整。

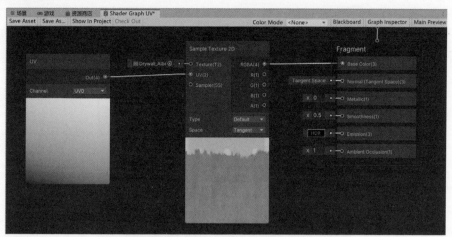

图 3-7 修改着色器以在物体上映射纹理

可以通过单击 Sample Texture 2D 节点中的 Texture（T2）输入来选择纹理。保存修改后，选定的纹理将被应用到所有使用该材质的对象上，如图 3-8 所示。

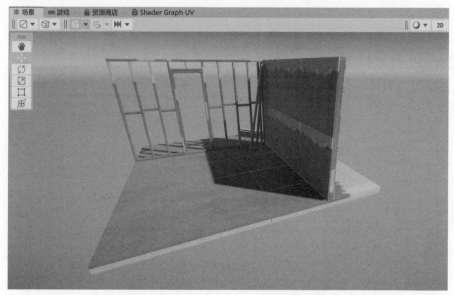

图 3-8 使用 UV 坐标在对象上采样纹理

3.2 One Minus 节点

One Minus 节点是一个数学运算节点,它接受一个输入值并输出 1 减去该值的结果。

具体来说,如果输入为 x,One Minus 节点的输出将是 $1 - x$。这在许多着色器效果中都非常实用,可以用来反转或颠倒某个值的时候,如图 3-9 所示。

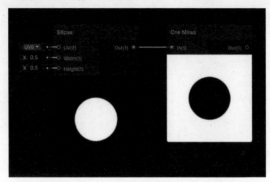

图 3-9 利用 One Minus 节点反转颜色

3.3 Add 节点

Shader Graph 中的 Add 节点是一个数学运算节点,它接受两个输入值并输出它们的和。

具体来说,如果输入为 x 和 y,Add 节点的输出结果将是 $x + y$。这在许多着色器效果中尤其实用,可用来混合两个纹理(图 3-11)或颜色,为某个参数添加一个常量值,如图 3-10 所示。

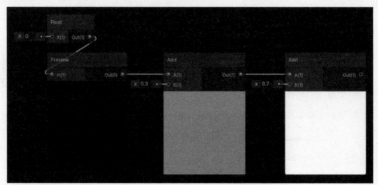

图 3-10 通过 Add 节点使 0 变为 1

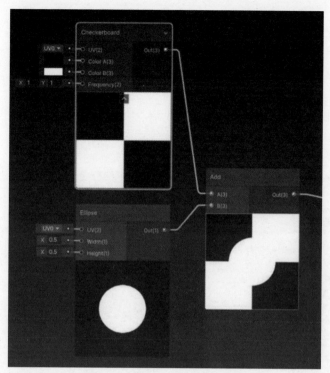

图 3-11 使用 Add 节点混合纹理

3.4 Clamp 节点

Clamp 节点接受 3 个输入值：要限制的输入值、输出范围的最小值以及输出范围的最大值。如图 3-12 所示，Clamp 节点的输出值将始终限制在指定的范围内。如果输入值大于最大值，输出值将被设为最大值；如果输入值小于最小值，输出值将被设为最小值；若输入值介于两者之间，则输出值等于输入值。

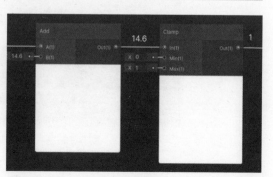

图 3-12 将输入值限制在最小值 0 和最大值 1 之间

■说明：Saturation 节点的工作方式与 Clamp 类似，但其最小值和最大值固定为 0 和 1。

3.5 Multiply 节点

Multiply 节点执行一个数学运算，接受两个输入值并输出它们相乘的结果。在想要调整纹理或颜色的亮度或对比度，或者通过将纹理与渐变图或参数相乘来创建遮罩或渐变效果时，它非常有用，如图 3-13 所示。

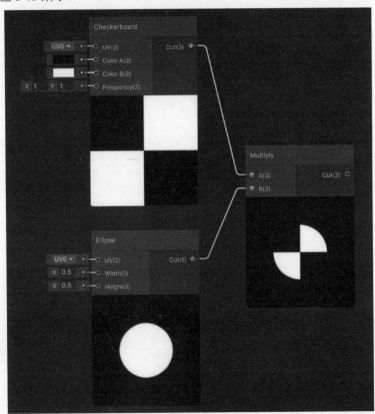

图 3-13 将两个纹理相乘，以生成新纹理

还可以通过将 UV 节点的结果与二维向量相乘来创建新的着色器，如图 3-14 所示。

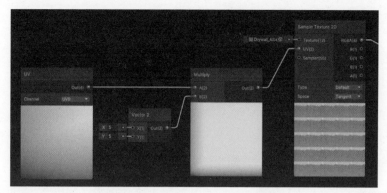

图 3-14 使用 Multiply 节点拉伸纹理

如图 3-15 所示,Multiply 节点和 Vector 2 节点可以拉伸纹理,使其覆盖整个对象。

图 3-15 在对象上拉伸的纹理

3.6 Sine 节点

正弦函数(sine)是一个周期为 2π 弧度(或 360°)的函数,意味着每 2π 弧度重复一次。该函数的取值范围为 -1 到 1,当角度为 90°(π/2 弧度)时达到最大值 1,而在 270°(3π/2 弧度)时达到最小值 -1。

Sine 节点执行如图 3-16 所示的数学运算。

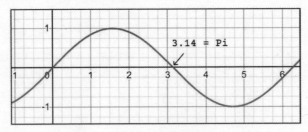

图 3-16 正弦函数

Sine 节点接受一个浮点值作为输入，该值代表图 3-16 中的弧度或角度（x 坐标）。在计算机图形和着色器编程中，正弦函数常用于创建波浪效果（图 3-17）、振荡效果和动画。

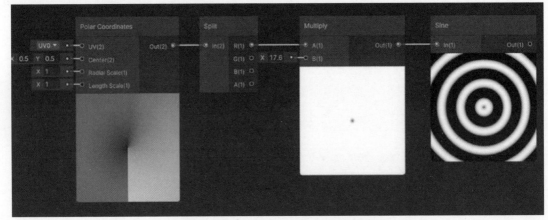

图 3-17 使用 Sine 节点创建的波纹效果

3.7 Time 节点

Time 节点是一个特殊的节点，它提供自游戏启动以来的运行时间（以秒为单位）。这是一个非常实用的节点，可用于制作动画、延迟以及任何基于时间变化的动态效果。

Time 节点有以下输出。

- Time(1)：自加载着色器或关卡以来经过的时间（以秒为单位）。我们将利用这一参数作为正弦节点的输入，为带有此类材质的对象创建一个从黑色平滑过渡到白色的动画。

- Sine Time(1)：输出 Sine(Time(1)) 的结果，这个值会随着时间的推移，在 -1 和 1 之间不断变化。
- Cosine Time(1)：输出 Cosine(Time(1)) 的结果，它与 Sine 函数相同，但相位偏移 π/2（90 度）。
- Delta Time(1)：输出当前帧的时间值。
- Smooth Delta(1)：输出与 Delta Time(1) 相同的值，但这个值不是瞬时值，而是会随着时间平缓地变化。

前两个输出是最常用的，因此我们将主要关注它们的应用。在图 3-18 中，将 Time(1) 的输出连接到 Sine 节点的输入，生成了一个在 -1 到 1 之间循环的动画（从黑到白）。

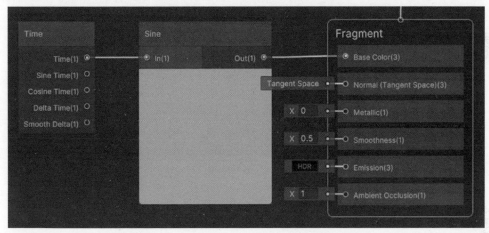

图 3-18 使用 Sine 节点实现黑白循环过渡

图 3-19 展示了过渡效果。为了加强理解，建议尝试在自己的项目中复现这些动态着色器。

图 3-19 由黑到白的正弦过渡效果

3.8 Remap 节点

Remap 节点接收的值有要重新映射的输入值、输入范围的最小值和最大值。它还接收输出范围的最小值和最大值。该节点根据输入的范围和输出的范围，以线性插值方式来调整输入值。

如果复现了之前的示例，你可能会注意在过渡的过程中，黑色的持续时间比白色长。这是因为正弦函数的输出范围是从 −1 到 1。负值以黑色表示，因此我们需要将 Sine 节点的输出重新映射到 0 到 1 的范围，如图 3-20 所示。

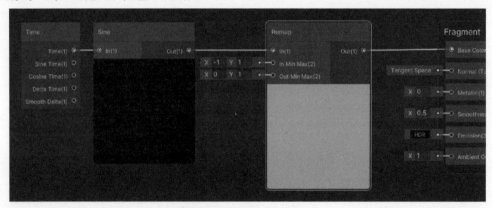

图 3-20 添加 Remap 节点

3.9 Lerp 节点

Lerp 节点计算两个输入值（a 和 b）之间的线性插值，使用第三个输入值（t）作为插值器（interpolator）。Lerp 节点的输出是第一个和第二个输入值之间进行线性插值（基于第三个输入值）的结果。第三个输入值（t）通常在 0 到 1 之间，决定插值过程中每个输入值的权重。

线性插值的计算公式如下：

$$a+(b-a)*t$$

- $t = 0$：输出 a
- $t = 1$：输出 b
- $t = 0.5$：输出 a 和 b 之间的值

想要利用黑白纹理作为插值器来映射不同的颜色时，这个节点非常实用，如图 3-21 所示。

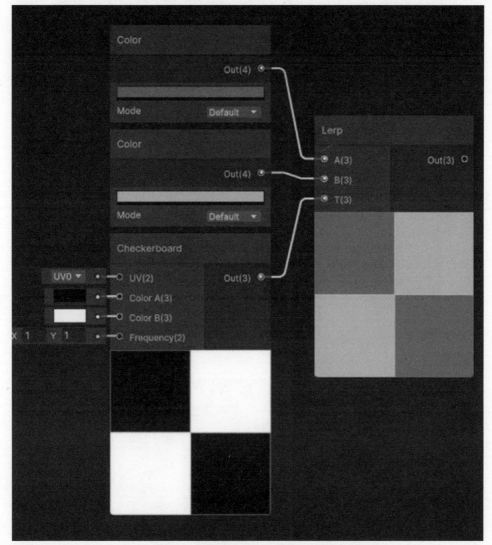

图 3-21 在棋盘纹理中进行颜色插值

还可以使用浮点数作为插值器（t）生成不同的纹理之间的混合效果，如图 3-22 所示。图 3-23 展示了图 3-22 中的示例 Shader Graph 在场景中的实际效果。

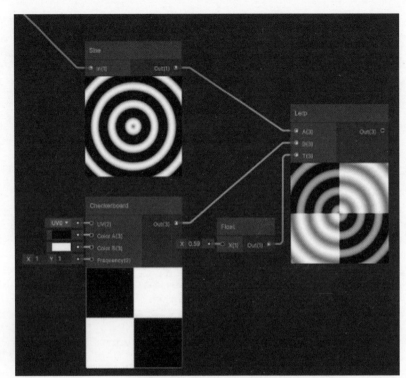

图 3-22 使用 Lerp 节点混合纹理

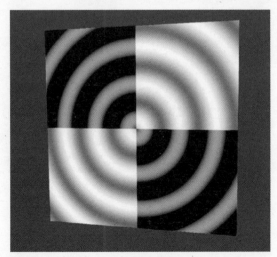

图 3-23 应用到场景中的游戏对象上的 Shader Graph

3.10 Fraction 节点

Fraction 节点执行的操作是取小数部分,意味着它只保留输入值的纯小数部分。示例如下:
- 输入 = 1.5,输出 = 0.5
- 输入 = 4.7,输出 = 0.7
- 输入 = 3.2,输出 = 0.2

该节点执行的具体操作如下:

$$Frac(In(1)) = In(1) - Floor\ In(1)$$

Floor In(1) 返回的是小于或等于 In(1) 的最大整数。示例如下:
- 输入 = 0.3,输出 = 0
- 输入 = 3.2,输出 = 3
- 输入 = -0.1,输出 = -1

图 3-24 展示了 Fraction 节点的输出。

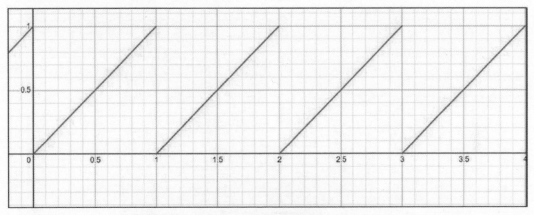

图 3-24 Fraction 节点

通过 Fraction 节点,可以创建重复的图案效果。如图 3-25 所示,我们使用 x 方向的 UV 坐标获得一个水平渐变,通过将其乘以 5 获得 0 到 5 的渐变,经过 Fraction 节点处理后,就会得到从 0 到 1 的 5 个小数部分。

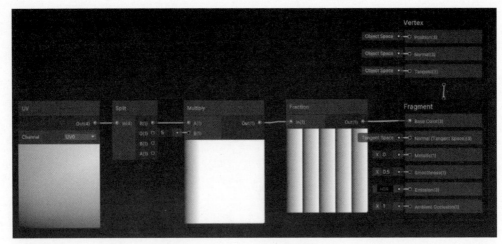

图 3-25 Fraction 着色器

这将产生一个非常精美的像图案一样的效果,如图 3-26 所示。

图 3-26 应用在示例对象上的 Fraction 图案

3.11 Step 节点

Step 节点接受两个输入值：一个是要比较的输入值，另一个是阈值。如果输入值小于阈值，Step 节点输出 0；如果输入值大于或等于阈值，则输出 1。

该节点实现的函数如图 3-27 所示，其中，x 为输入，y 为输出。

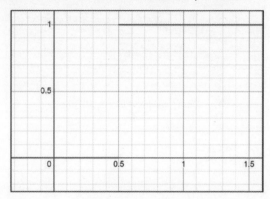

图 3-27 Step 函数

如图 3-27 所示，这个 Step 函数的阈值为 0.5。如果输入值为 0.3，Step 节点输出 0，因为输入值小于阈值。

如果将输入值更改为 0.7，Step 节点的输出会变为 1，因为此时输入值大于或等于阈值。

将 Step 节点应用到前一个示例（图 3-28）时，可以生成清晰的条纹。Step 值决定了阈值的大小，这会直接影响线条的粗细，如图 3-29 所示。

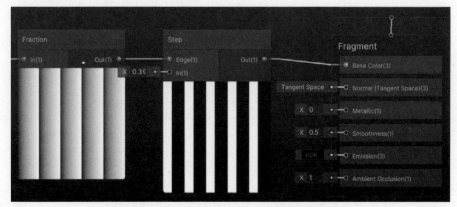

图 3-28 在之前的 Shader Graph 中实现 Step 节点

图 3-29 使用 Step 节点生成的条纹

3.12 SmoothStep 节点

SmoothStep 节点接受三个输入值：要与阈值比较的输入值，以及两个阈值本身。如果输入值小于第一个阈值，输出为 0；如果输入值大于或等于第二个阈值，输出为 1；如果输入值介于两个阈值之间，则输出 0 和 1 之间的平滑插值。

图 3-30 展示了 Edge1(1) = 0.23 和 Edge2(1) = 0.74 的 SmoothStep 节点。

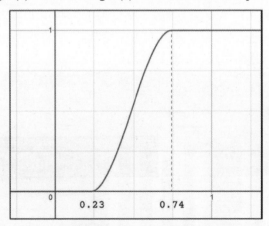

图 3-30 SmoothStep 图表

在图 3-31 中，可看到先前创建的条纹通过 SmoothStep 节点处理后获得的自定义渐变效果。

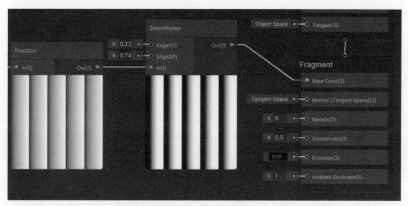

图 3-31 使用 SmoothStep 节点创建自定义渐变条纹

3.13 Power 节点

Power 节点实现以下数学公式：

$$\text{Out} = A^B$$

这意味着输入值将以指数方式增或减。例如，该节点可用于强化渐变效果，如图 3-32 所示。

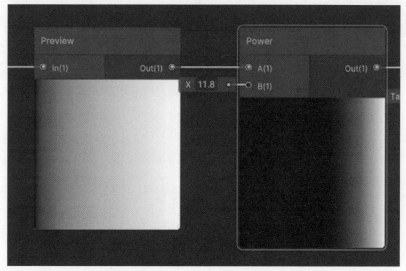

图 3-32 使用 Power 节点强化渐变效果

3.14 Position 节点

Position 节点让用户能够访问网格顶点或片元的三维位置,具体取决于着色器的结果连接到哪个部分。

图 3-33 展示了一个连接到 Base Color 输出的 Position 节点,它会根据顶点到中心的距离对对象表面进行着色,因为这里选择的空间是 Object。

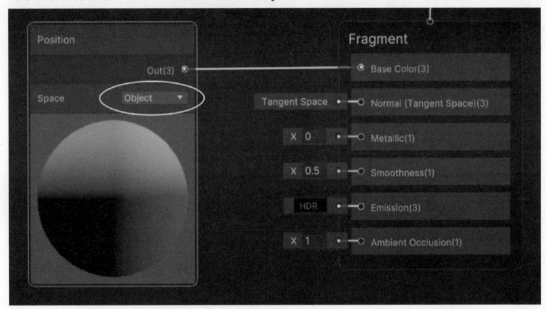

图 3-33 空间被设为 Object 的 Position 节点

请记住,在 Object 空间中,顶点位置取决于对象的中心,因此,在移动或旋转对象时,颜色将不会发生变化。如果将坐标空间改为 World(图 3-34),对象将以场景的原点为基准,并且在移动或旋转对象时,颜色将发生变化,反映对象与场景中心之间的距离,如图 3-35 所示。

如果想创建随着距离逐渐消失的渐隐粒子效果,这个节点就非常有用。

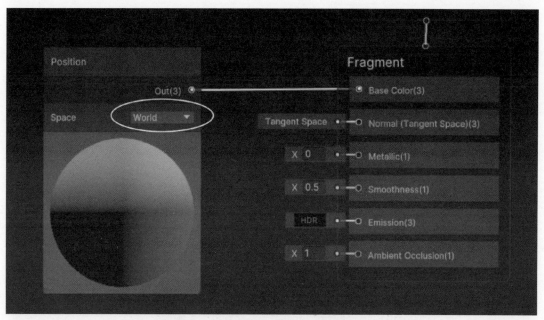

图 3-34 空间被设为 World 的 Position 节点

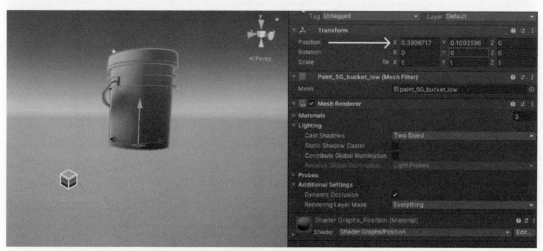

图 3-35 桶表面的颜色取决于到中心的距离和方向

3.15 Dot Product 节点

Dot Product 节点实现了第1章讨论向量时提到的点积运算。这种计算在为效果设置方向（图 3-36）或建立向量之间的关联时非常有用，比如对象的顶点法线和光照方向之间的关联。

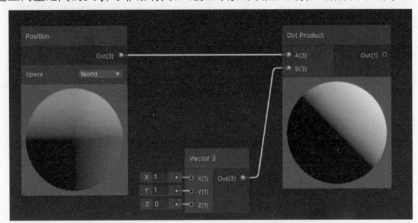

图 3-36 使用 Dot Product 节点设置自定义渐变方向

将此着色器附加到对象上时，可以在对象上看到一个自定义的三维渐变，能够用于遮罩效果，如图 3-37 所示。

图 3-37 将自定义渐变方向的着色器应用在场景中的对象上

3.16 Posterize 节点

Posterize 节点接受一个输入值,例如颜色或灰度值,并将其映射到指定数量的输出级别或样本中。在创建风格化或卡通效果时,这个节点非常有用。

举例来说,如果将 Posterize 节点设为 4 个级别,那么任何介于 0 到 0.25 之间的输入值都将映射为 0,介于 0.25 到 0.5 之间的值映射为 0.5,介于 0.5 到 0.75 之间的值映射为 0.75,而介于 0.75 到 1.0 之间的值将映射为 1.0。这将导致图像呈现出"块状"的 Posterize 效果。图 3-38 展示了使用 UV 节点输出的示例,U(水平)分量被采样 5 次,V(垂直)分量被采样 4 次。

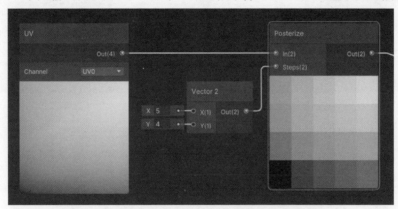

图 3-38 对 UV 输出进行 Posterize 处理

如果想将渐变效果分割成多个离散的部分,Posterize 节点非常实用,如图 3-39 所示。

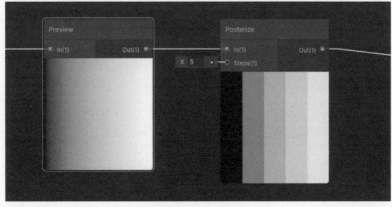

图 3-39 用于分割

在创建复古纹理（图 3-40）或复古粒子效果时，Posterize 节点也非常有效。

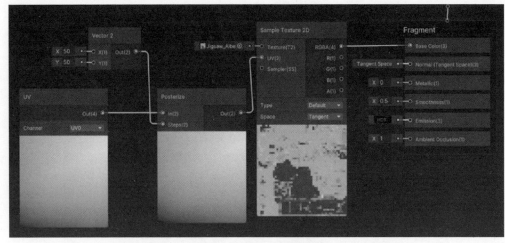

图 3-40 使用 Posterize 节点为纹理生成复古马赛克效果

如果将生成的纹理应用到原始对象上，对象的外观就会像素化，这在复古主题的游戏中效果极佳，如图 3-41 所示。

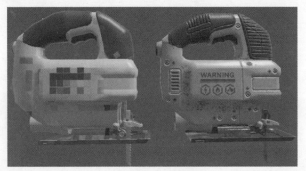

图 3-41 经过 Posterize 节点处理的纹理（左）和原始对象（右）

3.17 Procedural Noise 节点

噪声（noise）不只限于刺耳的声音，实际上，噪声在大自然中无处不在：空气、水流、云层、岩石的形状和颜色，甚至森林中树木的分布。这种随机性和混沌使得大自然如此美丽，如图 3-42 所示。

噪声可以通过多种方式生成，如使用数学函数或从预设值中采样。在计算机图形和图像处理中，噪声通常用于为合成图像增加纹理和逼真度，也可用于模拟自然现象，如火焰、云和水。

图 3-42 自然界中的噪声

噪声可以在着色器中实现最美丽和独特的效果。本书将用到 Shader Graph 中的三个最受欢迎的噪声节点：

- Simple Noise（简单噪声）；
- Gradient Noise（梯度噪声）；
- Voronoi Noise（沃罗诺伊噪声）。

这些节点会基于输入的 UV 坐标和每个节点接收的独特变量生成程序性[1]的黑白纹理。

---

[1] 译注：程序性资源（procedural asset）是程序在运行过程中实时生成的资源，而不是预先加载和创建的资源。

3.17.1 Simple Noise 节点

此节点使用一种称为 value noise（值噪声）的噪声类型，其效果类似于老式电视机显示的雪花屏。它默认有一个 UV 输入和一个缩放值，UV 输入控制纹理在表面上的位置，而缩放值则用来调整纹理的大小，如图 3-43 所示。

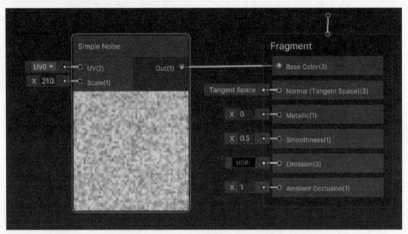

图 3-43 Simple Noise 节点

可以减少缩放值来放大噪声纹理，从而实现云或雪等效果。例如，可以将噪声作为黑白纹理应用到 Fragment 着色器块的 Base Color 上，以实现漂亮的大理石效果，如图 3-44 所示。

这种噪声还可以实现火焰等的动态效果，如图 3-45 所示。

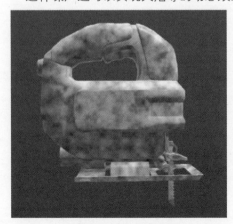

图 3-44 大理石效果

图 3-45 使用 Simple Noise 节点创建火焰效果

3.17.2 Gradient Noise 节点

Gradient Noise 节点输出的是柏林（Perlin）噪声算法的结果。柏林噪声由肯·柏林（Ken Perlin）[1]于 1980 年发明，属于梯度噪声的一种，它在计算机图形学和程序性内容生成中得到了广泛应用。

梯度噪声的生成方式是对伪随机值网格进行采样，并使用平滑插值函数（例如三次或五次插值）对这些值进行插值。梯度噪声的关键思想是创建平滑变化的值，以模拟自然现象的外观，比如地形的起伏或自然纹理（如大理石或木材）中的不规则图案。

图 3-46 展示了前文介绍的两种噪声节点的对比。

我们将使用这个节点来创建溶解效果（图 3-47），它在制作流动性强、连续变化的效果（比如熔岩灯、墨滴等）方面表现出色。

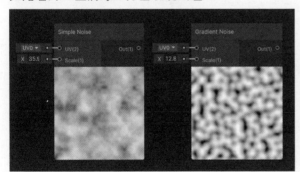
图 3-46 Simple 和 Gradient 噪声节点的对比

图 3-47 使用柏林噪音创建溶解效果

3.17.3 Voronoi Noise 节点

Voronoi Noise 节点输出的是 Voronoi 噪声的计算结果，如图 3-48 所示。

Voronoi 噪声（也称 Worley 噪声或细胞噪声）是一种基于空间中随机点之间的距离生成图案的噪声函数。Voronoi 噪声得名于俄罗斯数学家格奥尔基·沃罗诺伊（Georgy Voronoy）[2]，后者主要研究的是几何密铺（geometric tessellations）的性质。

---

① 译注：纽约大学计算机系的教授和纽约大学媒体研究实验室的创始人。他被安排给迪斯尼动画电影系列《创》（Tron，又称《电子世界争霸战》）生成更真实的纹理。最后，他以 196 行代码通过噪声算法来实现了这些纹理并因此获得了奥斯卡科技成就奖（1997 年）。

② 译注：俄国数学家，生于 1868 年。沃罗诺伊最知名的贡献是建立了沃罗诺伊图，后者又称维诺图或者狄利克雷镶嵌，其灵感来源于笛卡尔用凸域分割空间的思想。其组成单元被称为泰森多边形。沃罗诺伊图在几何、晶体学、建筑学、地理学、气象学、信息系统等许多领域有广泛的应用。

Voronoi 噪声通过根据随机放置的"种子点"与其他点的距离将空间划分为多个单元。空间中的每个点都会被分配到离它最近的种子点对应的单元中，并且每个点的噪声值是根据它与最近的"种子点"之间的距离，通过特定的函数计算得出的。

生成的单元和噪声值具有独特的细胞状外观，具有清晰的边缘以及明确的高低值区域。

该噪声节点引入了一个 Angle Offset（角度偏移）输入。如果调整它，将能够看到单元的移动，这对于创建动态纹理非常有用。单元格密度输入的作用与其它噪声节点中的缩放输入相似，能够对纹理进行放大或缩小处理。这种噪声在自然界中非常常见，一些例子包括肌

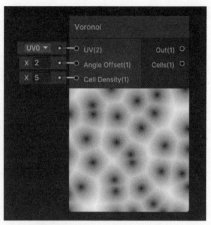

图 3-48 Voronoi 噪声节点

肉纤维的排列、昆虫翅膀的结构（图 3-49）和水面的焦散（caustic）效应（图 3-50）[①]。此外，它非常适合用来创建彩色玻璃或马赛克图案，如图 3-51 所示。

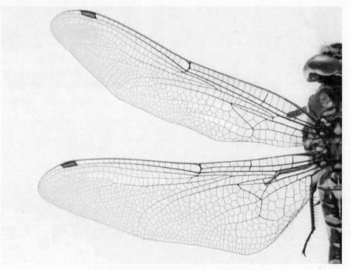

图 3-49 蜻蜓翅膀上的沃罗诺伊图

---

① 译注：焦散效应（caustics effect）指光线在经过反射或折射后聚集在某些区域形成的明亮光影效果，比如游泳池底部看到的波纹状光影，或者光线通过玻璃杯后在桌面上形成的亮斑。这个效应在计算机图形学中被用来增强水、玻璃、晶体等材质的真实感，使得这些材质的渲染更加自然、逼真。

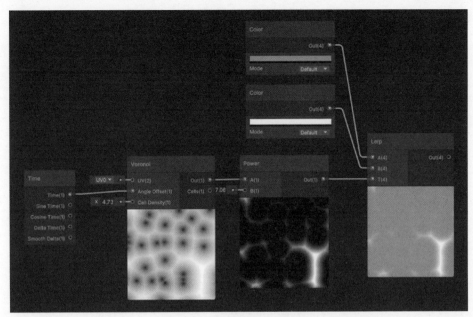

图 3-50 水面焦散着色器效果

图 3-50 展示了一个动态水面焦散效果的简单示例,后续章节将会深入探讨此类着色器。

Voronoi Noise 节点还提供了一个输出,可以显示单元格的排列情况,这对于创建马赛克或彩色玻璃效果非常有用,如图 3-51 和图 3-52 所示。

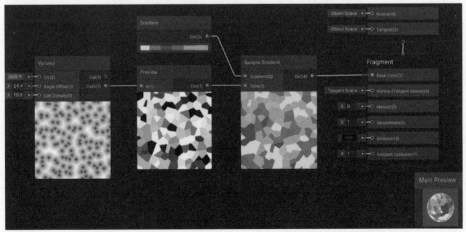

图 3-51 使用 Voronoi 噪声单元输出创建的彩色玻璃着色器

图 3-52 应用彩色玻璃材质的对象

3.18 Fresnel 节点

Fresnel 效应（菲涅尔效应，也称轮廓光效应）是一种特殊的计算，指对视线方向和表面法线执行反向点积运算。运算结果将通过幂函数进行处理，以调整轮廓光的厚度。图 3-53 展示了 Fresnel 节点的例子。

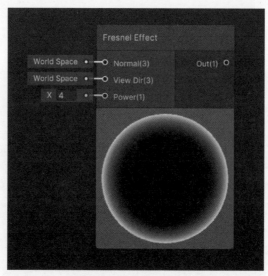

图 3-53 Fresnel 效应节点

下面来看看各个输入的作用。

- Normal：此输入定义对象的表面法线，通常会连接到所需材质或几何体的法线输出。
- View Direction：此输入表示观察对象的方向，通常会连接到摄像机的视角方向输出或顶点的 Position 节点。
- Power：此输入控制效果的强度。值越高，对象的反射区域和非反射区域的对比度就越强。

这会为对象添加轮廓光效果，如图 3-54 所示，具体效果取决于观察角度。

Fresnel 效应节点非常适合用来创建玻璃、奇点、彩虹泡泡等效果，如图 3-55 所示。

图 3-54 轮廓光示例　　　　　图 3-55 使用 Fresnel 节点创建的彩虹泡泡效果

3.19 小结

本章从用户友好的角度出发，通过在 Unity 编辑器的"场景"视图中创建实例，探索了本书将会用到的几乎所有节点及其背后的数学运算。现在，我们已经做好了准备，可以开始制作应用于项目中的优质着色器了。

在使用着色图编辑器创建效果时，大家随时可以回到本章，快速回顾每个节点的作用。

在下一章中，我们将开始制作我们的第一个着色器：使用 Time 节点的动态着色器。在编辑器中单击"播放"按钮后，这些着色器会产生令人惊叹的动态效果。下一章还会介绍如何使用 Fraction 节点创建渐变和重复的图案，以实现扫描线和全息图等效果。

第 4 章 动态着色器

恭喜！读到这一章意味着你已经准备好开始逐步制作着色器了。请记住，本书的 GitHub 存储库[①]提供了整个项目，其中包括后续部分将会使用的所有着色器、材质、模型、场景和脚本。

本书展示的效果会用到各种各样的网格模型，其中一些是 Unity 默认包含的基本形状（如球体、立方体、胶囊体），还有一些包含在 Unity 的示例项目中，比如第 3 章介绍的 URP 模板中 3D 示例场景内的道具。此外，还有一些资源是从 C00 许可证网页上下载，有时也会使用我在 Blender 中创建的小兔子，如图 4-1 所示。可以在 GitHub 项目的 Assets ▶ Shared Assets ▶ Prefabs 目录中找到这只兔子。稍后，我会讲解如何讲自定义网格导入 Unity 项目中。

图 4-1 小兔子

① https://github.com/AlvaroAlda/ShaderGraphCookBook.git

第 4 章

本章将学习如何使用不同的节点（如 Time 节点、UV 节点和 Power 节点等）来制作下面几种炫酷的视觉效果。

- 3D 扫描线：这是一个简单但吸引眼球的效果，它会根据自定义方向在场景中的对象上显示扫描线，如图 4-2 所示。

图 4-2　3D 扫描线着色器

- 箭头图案：我们将利用 Unity 中的 Line Renderer 组件实现一个程序性箭头图案着色器，这个着色器可以用来创建方向指示箭头、赛车游戏中的加速路径等，如图 4-3 所示。

图 4-3　线条对象上的箭头图案

- 溶解效果：想让游戏中的对象以特别的方式消失吗？使用这个着色器可以让敌人在死亡时逐渐溶解，或者让特殊物品在玩家接近时逐渐显现出来，如图4-4所示。

图4-4 溶解着色器

- 全息图着色器：最后但同样令人期待的是，我们将开发一个简洁而极具视觉冲击力的着色器——全息图着色器（图4-5），它非常适合用在科幻主题的游戏中。

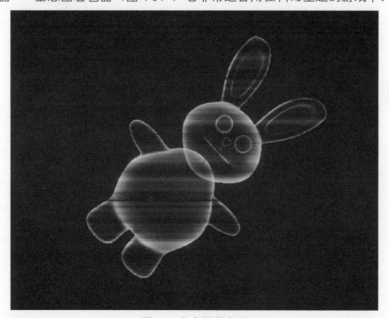

图4-5 全息图着色器

除此之外，本章的最后部分还将讲解如何优化和重组着色器，确保它们的整洁和可读性。

4.1 3D 扫描线

在游戏中，这个动态效果通常用于扫描场地以侦察敌人，或使用特定工具来发现隐藏的道具或秘密通道。为了实现这个效果，请按照以下步骤操作。

- 使用 Position 节点显示对象坐标。
- 使用 Split 节点定义垂直渐变。
- 使用 Multiply 节点和 Fraction 节点创建重复效果。
- 使用 Time 节点和 Add 节点添加动态效果。
- 使用 Power 节点调整对比度。
- 添加自定义颜色。
- 使用 Dot Product 节点设置自定义方向。
- 公开相关属性。

4.1.1 使用 Position 节点显示对象坐标

首先，让我们创建一个 URP 光照 Shader Graph，并将其附加到材质上。就像在前几章中做得那样，可以将这个材质应用到场景中的任意对象上。具体步骤如下。

- 在 Unity Editor 中的"项目"选项卡中单击右键，选择"创建"▶ Shader Graph ▶ URP ▶"光照 Shader Graph"。将其命名为 Scanline。
- 右键单击新创建的 Shader Graph 资源，选择"创建"▶"材质"，以创建一个附带该 Shader Graph 的新材质资源。
- 在"层级"选项卡中单击右键，选择"3D 对象"并创建任意 3D 对象。选中想要应用着色器的对象。这里，我导入了一个使用 Blender 创建的自定义网格。
- 将材质资源从"项目"选项卡拖到场景中的 3D 对象上，以在该对象上应用材质。

双击 Scanline Shader Graph 资源以打开 Shader Graph 编辑器，然后在其中执行以下操作：

- 创建 Position 节点，并在节点的下拉菜单中将其设置为 Object Space。
- 将 Position 节点的输出连接到 Fragment 块中的 Base Color 输入，如图 4-6 所示。
- 请记住，每次在 Shader Graph 编辑器中进行修改后，都需要在左上角保存资源，才能在"场景"视图中查看效果，如图 4-6 所示。

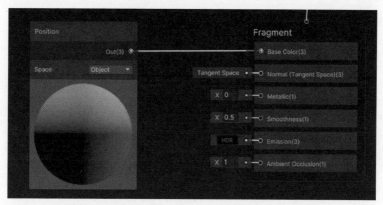

图 4-6 将应用到兔子模型上的最终 Scanline 效果

如图 4-7 所示,附加了材质的对象现在显示了与其局部坐标对应的颜色。目前,我们只想提取 Y 方向,也就是绿色(G)分量。我们将参考这个分量来确定要访问的局部坐标,从而在网格上创建垂直扫描线。

本书将使用 X/R 来指代 x 坐标或红色分量,Y/G 代表 y 坐标或绿色分量,Z/B 表示 z 坐标或蓝色分量。

图 4-7 小兔子模型上显示着局部坐标颜色

在接下来的小节中,将提取一个坐标来创建所需方向的渐变并将其转换为扫描线效果。

4.1.2 使用 Split 节点定义垂直渐变

在此步骤中,我们将利用之前显示的三个坐标之一来创建一个指定方向的渐变,这个渐变将代表一条扫描线。Split 节点的作用是从向量或颜色中提取单独的坐标或分量。现在,请按照以下步骤操作。

- 创建一个新的 Split 节点,将刚刚创建的 Position 节点的输出连接到 Split 节点的输入。通过访问 Split 节点的 G(1) 输出,提取 Y/G 分量。
- Split 节点让我们能够分别访问输入的每个分量,因此可以通过 G(1) 输出来只提取 Y/G 坐标,并将其作为一个浮点数输出,而不是使用 Vector3。
- 将 Split 节点的 G(1) 输出连接到 Fragment 块中的 Base Color 输入,如图 4-8 所示。

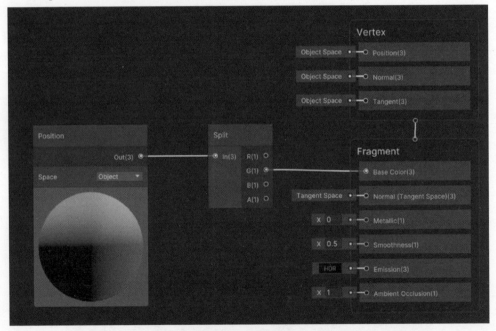

图 4-8 使用 Split 节点提取 Y/G 坐标

在图 4-9 中可以看到,小兔子上出现了沿着局部垂直轴渐变的效果。我们的第一条扫描线就这样创建好了,但接下来,还需要沿对象的 Y/G 轴创建更多扫描线。

图 4-9 小兔子的局部垂直轴上的渐变

4.1.3 使用 Multiply 节点和 Fraction 节点实现重复

现在，我们通过一个渐变效果，实现了一条非常宽且不会动的扫描线。为了实现多条扫描线在对象上运行的效果，我们需要在相同方向上重复这个渐变。为此，请按以下步骤操作。

- 将 Split 节点的 G(1) 输出连接到一个新建的 Multiply 节点的 A(1) 输入。
- 将 Multiply 节点的 B(1) 输入的默认值改为 3。Multiply 节点会放大 G(1) 输出的值，使得渐变范围从原来的 0 到 1 扩展到 0 到 3，使得渐变区域的亮度变得更强，尤其是白色部分。
- 将 Multiply 节点的输出连接到 Fraction 节点的输入。

第 2 章提到过，Fraction 节点只会输出输入值的小数部分。从 Split 节点的 G(1) 输出中提取的渐变值范围是 0 到 3；因此，Fraction 节点的输出结果将是三个从 0 到 1 的渐变。如果增加 Multiply 节点的 B(1) 输入值，渐变的数量会相应增加。这种设置方式经常用来在指定方向上创建重复图案。

接着，将 Fraction 节点的输出连接到 Fragment 块中的 Base Color 输入，并查看结果。

通过调高 Multiply 节点 B(1) 输入的默认浮点值，可以增加 Fraction 节点输出的渐变重复次数。举例来说，如果将这个输入设为 8，Fraction 节点将创建 8 个介于 0 到 0.999 之间的渐变，如图 4-10 所示。

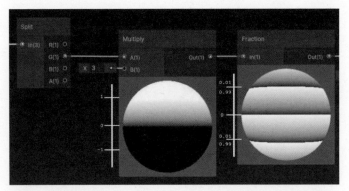

图 4-10 使用 Multiply 节点和 Fraction 节点生成重复的渐变图案

保存这些更改后,就可以看到计算出的垂直渐变沿着场景中对象的局部垂直轴上重复显示,如图 4-11 所示。

图 4-11 兔子模型上的重复渐变效果

但是,这个效果并不像是在"扫描"游戏对象。它们是静态的,并没有在对象表面上移动。为了让它动起来,需要使用 Time 节点。

4.1.4 动态效果：使用 Time 节点和 Add 节点

目前，扫描线是静止的，显得有些单调。为了让效果更加生动，我们需要让渐变以一定速度沿垂直轴移动，模拟物体被扫描的效果。为此，我们将在 Split 节点和 Multiply 节点之间创建一系列相互连接的节点（图 4-12），具体步骤如下。

- 创建一个 Time 节点，将其 Time(1) 输出连接到一个新建的 Multiply 节点的 A(1) 输入。Time 节点的 Time(1) 输出代表自游戏开始以来经过的秒数因此这个值每一帧都会增加。这个节点的输出是所有动态效果的基础，因为它反映了时间的推移。
- 将之前创建的 Multiply 节点的 B(1) 输入设为 0.5。这个值决定了扫描线沿对象表面移动的速度。把 Time(1) 的输出乘以 0.5 将使移动速度减慢一半。例如，当 Time(1) 等于 10（即游戏开始以来经过了 10 秒）时，Multiply 节点的输出将为 5。
- 将 Multiply 节点的输出连接到新创建的 Add 节点的一个输入，它的另一个输入由之前创建的 Split 节点的 G(1) 输出提供。
- 将 Add 节点的输出连接到上一节中创建的 Multiply 节点的 A(1) 输入。

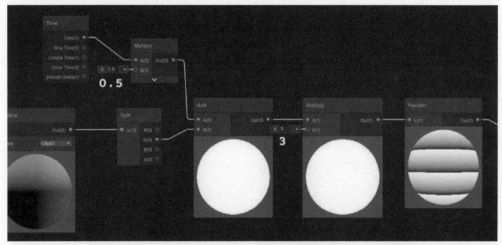

图 4-12 兔子模型上的重复渐变效果

可以立即在 Fraction 节点的预览中看到动态扫描线的效果。保存着色器后，该效果将应用到附加了相应材质的对象上。

接下来，让我们深入分析这个操作背后的工作原理。

- 在 Multiply 节点的作用下，会有大于 1 的值进入 Fraction 节点。

- Fraction 节点只会提取输入值的小数部分，因此当输入值为 1 时，输出值为 0；当输入值为 1.5 时，输出值为 0.5，依此类推。这会导致一个重复的图案，因为每当输入值等于或大于 1 时，输出就会重置为 0，并只保留小数部分。
- 如果在输入值上增加一个数值，例如 0.2，这个重复图案就会偏移 0.2 个单位。举例来说，原本的输入值 1.5 将增加至 1.7，输出值则变为 0.7。如果我们通过 Time 节点持续累加输入值，就会形成一个恒定的偏移，使重复的图案看起来像是在滚动。

到这里，你可能已经注意到一件重要的事——我们从未通过单击"播放"按钮来查看着色器的运行效果。原因在于，Unity 允许在编辑模式下运行着色器，因此不需要频繁切换到播放模式，就可以调试和修改着色器。

不过需要注意的是，尽管着色器可以在编辑模式下运行，但它的优化和性能表现可能逊于游戏模式下的表现，在使用动态着色器时，这种差异尤其明显。

在编辑模式下，Time 节点的 Time(1) 输出值只会在用户与 Unity 界面交互时更新，因此显示的动态效果并不能准确反映最终运行时的表现。所以，在为着色器添加动态效果后，最好在游戏模式中进行测试，以更准确地把握着色器的性能和效果。

4.1.5 对比度调整：使用 Power 节点

目前的渐变线太宽了，不是我们想象中的那种细扫描线。我们希望扫描线能像声呐或科幻电影中的追踪器那样。为了达到这个效果，请按以下步骤操作。

将 Fraction 节点的输出连接到新的 Power 节点的 A(1) 输入，然后将 B(1) 的默认值设为 1 到 9 之间的任意值。A(1) 输入的值将作为底数，B(1) 将作为指数，进行幂运算。Fraction 节点确保传入 Power 节点的 A 输入的值始终保持在 0 到 1 之间，如图 4-13 所示。

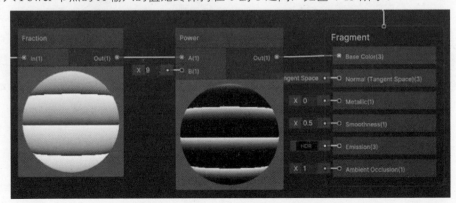

图 4-13 使用 Power 节点缩小扫描线

注意，增加 Power 节点 B 输入的浮点值会让扫描线的渐变范围缩小，如图 4-13 所示。

那么，为什么线条会变窄呢？如果输入 B(1) 的值是负数，又会发生什么情况？答案可以从数学原理中找到。

例如，2 的 2 次方等于 4，如果指数增加，结果值会变得越来越大。但是，本例却并非如此。在 Fraction 节点的作用下，Power 节点接收到的输入值始终在 0 到 1 之间（不包括 1）。如果计算 0.5 的 2 次方，将会得到 0.25。因此，当底数在 0 到 1 之间且指数大于 1 的情况下，结果会小于底数。事实上，底数越接近 0，它受指数的影响就越大。这就是为什么本例中，提高 Power 节点的指数 B(1) 会使渐变中的暗部向亮部靠拢。接近 1（亮部）的数值则几乎不受指数的影响。示例如下：

1 = 1 10 = 1 1000 = 1 10000

4.1.6 添加自定义颜色

我们可以通过为扫描线添加一些颜色来增强效果。举例来说，当敌人发现玩家时，可以使用红色扫描线；当玩家使用扫描仪来探测隐藏道具时，可以使用蓝色扫描线。现在，请按照以下步骤操作。

- 添加一个 Multiply 节点，将其 B(4) 输入连接到之前创建的 Power 节点的输出。通常，我会先创建想要的程序性纹理效果，等得到满意的结果后，再添加 Color 节点并将其与纹理相乘。这种方法在性能上有显著优势，因为整个过程中只需处理单一的浮点值，而不必处理带有多个分量的向量（比如颜色）。
- 创建一个新的 Color 输入节点，并将其连接到 Multiply 节点的 A(1) 输入。
- 现在，移除与 Base Color 输入的连接，并将 Multiply 节点的输出连接到 Fragment 块的 Emission 节点，以创建自发光效果，如图 4-14 所示。有了这种效果之后，扫描线就变得像科幻电影里的扫描线一样了，如图 4-15 所示。

注意，可以在下拉菜单中将 Color 节点设为 HDR 模式，这样就能调整发光强度，就像第 2 章讨论过的那样。对于扫描线效果，强度值设在 1 到 2 之间即可。如果想做出类似图 4-15 的效果，可以将颜色值设为 R = 29，G = 191，B = 0，强度值设为 2。

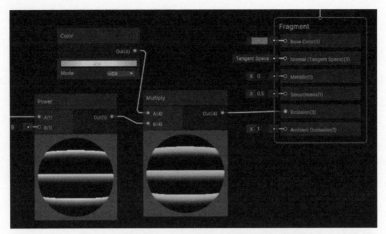

图 4-14 为扫描线添加颜色并设置自发光效果

图 4-15 兔子模型上的彩色扫描线

强度值为 2 时，后处理体积将捕捉到它并生成泛光效果。请记住，Emission 是一种后处理效果。因此，如果希望游戏中的发光效果正确显示，需要按照第 2 章和本节中的说明，正确地在 Unity 项目中设置后处理体积。

- 在"层级"选项卡中的任意游戏对象上添加一个 Volume 组件。
- 单击"新建"按钮以创建新配置文件，或使用项目中的现有配置文件。
- 然后，单击"添加覆盖"并添加一个 Bloom 后处理效果，勾选"阈值"和"强度"复选框，并将强度设为 1。
- 另外，还添加 Tone Mapping 后处理效果，勾选"模式"复选框，并在下拉列表中选择 ACES。这将增强泛光效果的视觉吸引力。
- 最后，勾选 Camera 组件中的"后处理效果"复选框。

4.1.7 使用点积节点设置自定义方向

如果能够设置扫描线的移动方向，效果将会更加生动。例如，在使用移动声呐时，扫描线的移动方向可以与设备指向的方向相同。正如前几章中所提到的那样，当 Dot Product 节点的两个输入向量平行时，输出会达到最大值。因此，利用这个节点，我们可以在指定方向上创建渐变效果，如图 4-16 所示。

为此，请按以下步骤操作。

- 创建一个新的 Dot Product 节点，将 A(3) 输入连接到之前创建的第一个 Position 节点的输出，用于设置扫描线的移动方向。
- 创建一个 Vector3 输入节点，并将其连接到 Dot Product 节点的 B(3) 输入，这样就可以让扫描线按照设定的方向移动。由于我想让扫描线沿 X/R 轴移动，所以将 Vector3 输入节点设置成了（1,0,0）。
- 移除 Split 节点，将 Dot Product 节点的输出连接到之前由 Split 节点连接的 Add 节点的输入，如图 4-16 所示。

可以看到，如果 Vector3 节点的值为（1,0,0），扫描线的方向会与正 X/R 轴对齐，如图 4-17 所示。

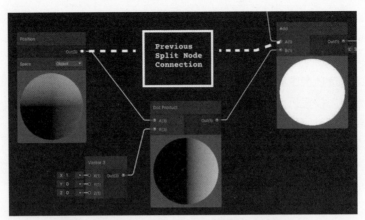

图 4-16 使用 Dot Product 节点设置扫描线的方向

图 4-17 水平排列的扫描线

现在,扫描线效果就制作完成了,但通过公开一些属性,我们可以使用这个 Shader Graph 生成不同的效果,让它更上一层楼。

4.1.8 公开属性

如果希望着色器更加灵活并且可以复用，最好把一些输入节点作为属性公开。如此一来，在 Unity 编辑器中选中材质时，就能够在"检查器"选项卡中更改这些属性。

右键单击任意输入节点并选择 Convert to ▶ Property，将输入节点作为属性公开，如图 4-18 所示。公开后的属性会自动被添加到 Blackboard，并在 Unity 编辑器的"检查器"中显示出来。

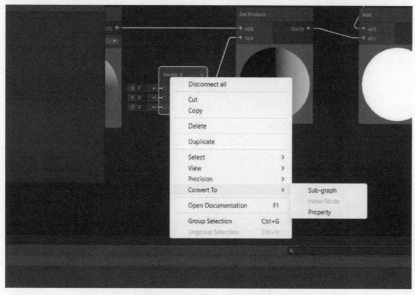

图 4-18 暴露方向向量属性

公开属性的名称和默认值都可以更改。在本例中，我公开了 Color、Direction、ScanLinesAmount 和 Scroll Speed 这几个属性，如图 4-19 所示。

图 4-19 Blackboard 中的公开属性

■ 说明：虽然大多数输入节点都可以作为属性公开，但有些节点（如 Gradient 节点）目前还不能公开。在 Unity 未来的更新中，可能会对此做出改进。

在"项目"选项卡中,可以通过选中材质资源并按下快捷键 **Ctrl+D** 来创建材质的副本。每个使用同一着色器的材质资源都可以为公开属性设置不同的值,如图 4-20 所示。

在跟随本书学习的过程中,建议公开尽可能多的属性,以便增强着色器的灵活性和多样性,能够在各式各样的材质中使用。

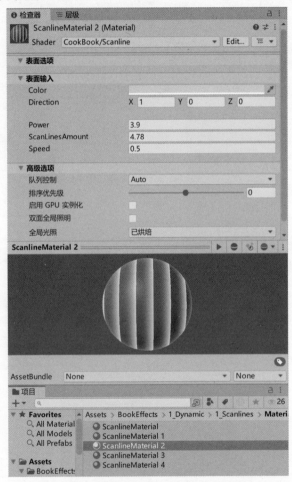

图 4-20 已选中的材质的"检查器"选项卡

恭喜!你已经成功创建自己的第一个着色器。若想查看完整的 Shader Graph,如图 4-21 所示。

哇,你学到的新知识可真不少!在继续制作下一个效果之前,建议花些时间复习这个 Shader Graph,尝试不同的参数设置,确保自己完全理解之前的每一步操作。

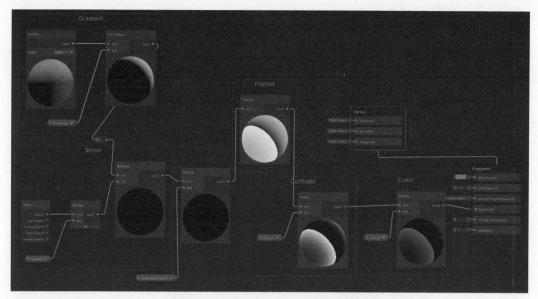

图 4-21 完整的 Scanlines Shader Graph

4.2 箭头图案

箭头效果在赛车游戏中极为实用，可以用来表示加速区域或用作转弯标志。为了实现这一效果，我们将按照以下步骤操作。

- 创建并设置一个 Line Renderer。
- 使用 Subtract 节点创建对角线图案。
- 使用 Absolute 节点创建垂直对称图案。
- 使用 Fraction 和 Step 节点定义箭头图案。
- 使箭头沿着 Line Renderer 移动。
- 自定义箭头颜色。

4.2.1 创建并设置 Line Renderer

首先，需要在 Unity 场景中创建一个附加在游戏对象上的 Line Renderer（线渲染器）组件。为此，请右键单击"层级"选项卡中的任意位置，然后从弹出的快捷菜单中选择"效果"▶"线"，如图 4-22 所示。

图 4-22 创建 Line Renderer

这样就得到了一个带有 Line Renderer 组件的新游戏对象，如图 4-23 所示。

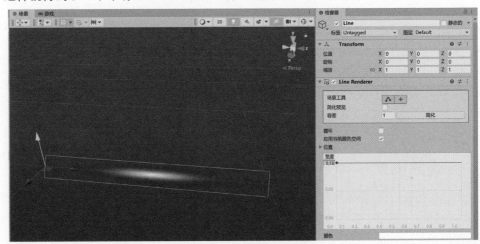

图 4-23 实例化的 Line 对象

接下来，单击 Line Renderer 组件中的宽度设置，并将值设置为 0.1 到 1.0 之间的某个值，如图 4-24 所示。这时，可以看到 Line Renderer 变成了一个方形，如图 4-25 所示。

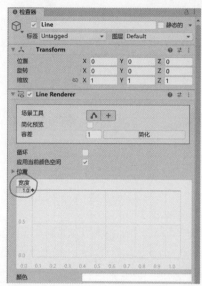
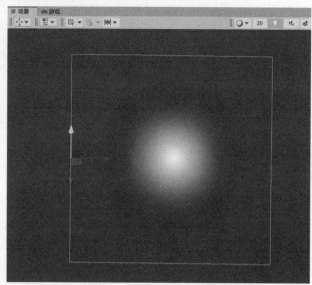

图 4-24 将宽度值更改为 0 到 1 之间的某个值　　图 4-25 宽度值为 1.0 的默认 Line Renderer

在"检查器"中向下滚动鼠标滚轮，找到 Line Renderer 组件中的 Materials 变量。可以看到，它包含一个默认的 ParticlesUnlit 材质（图 4-26），我们之后会用新创建的材质替换它。如果想要更改材质，只需要将"项目"选项卡中的材质资源拖到目标游戏对象上即可。

还要改 Line Renderer 的"纹理模式"属性，将其从"伸展"改为"平铺"，如图 4-27 所示。

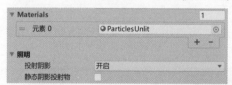

图 4-26 默认材质 ParticlesUnlit，稍后由新材质替换　　图 4-27 将 Line Renderer 的纹理模式设为"平铺"

这种设置下，在缩放 Line Renderer 对象时，UV 会进行平铺或重复，而不是拉伸。这样就可以在箭头图案中自然地形成重复效果，避免因拉伸而产生不美观和不受控制的效果。图 4-28 展示了两种纹理模式的对比，它们所在的 Line Renderer 是一样的，都在局部 X/R 方向上拉伸了三个单位。

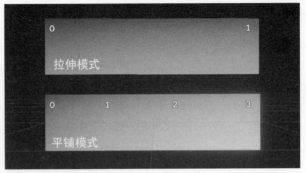

图 4-28 平铺模式与拉伸模式下的 UV 对比

4.2.2 创建对角线图案

请按照以下步骤创建着色器。

- 在"项目"选项卡中单击右键，选择"创建"▶ Shader Graph ▶ URP ▶ "无光照 Shader Graph"，将新创建的 Shader Graph 命名为 ArrowPattern。这里之所以选择无光照 Shader Graph，是因为我们不需要光照与着色器交互。避免光线计算可以大大提升游戏的性能，尽管会牺牲光影的真实感。
- 右键单击刚才创建的无光照 Shader Graph 资源，然后选择"创建"▶ "材质"创建一个新材质。
- 将材质资源从"项目"选项卡拖放到"场景"视图中的 Line Renderer 对象上。

双击 Shader Graph 资源以打开编辑器，并在编辑器中执行以下步骤。

- 创建一个 UV 节点，并将其输出连接到一个新 Split 节点的输入。
- 将 Split 节点的 R(1) 输出连接到 Subtract 节点的 A(1) 输入，接着，将 Split 节点的 G(1) 输出连接到 Subtract 节点的 B(1) 输入，如图 4-29 所示。

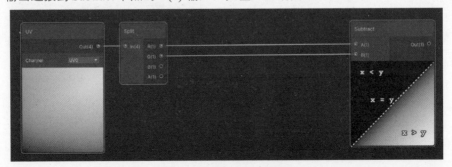

图 4-29 对角线渐变图案

- 将 Subtract 节点的输出连接到 Fragment 块的 Base Color 输入。

所有程序化的纹理、效果以及图案都是由数学函数生成的。在这里，我们复现了 X - Y = 0。请注意对角线方向的梯度，当 A(1) 大于 B(1) 时，梯度为正；当两个值相等时，梯度为零；当 B(1) 大于 A(1) 时，梯度为负。

4.2.3 使用 Absolute 节点创建垂直对称

接下来，我们需要为之前创建的渐变添加对称性，并创建尖尖的箭头状尖端。为此，我们将使用 Absolute 节点。该节点会输出输入的绝对值，去除任何负号。示例如下：

- 输入 = 3，输出 = 3；
- 输入 = -5，输出 = 5；
- 输入 = -0.5，输出 = 0.5。

现在，在 Split 节点的 G(1) 输入和 Subtract 节点的 B(1) 输入之间添加新的计算，如下所示。

- 创建一个新的 Subtract 节点，将其 A(1) 输入连接到之前创建的 Split 节点的 G(1) 输出，并在 Subtract 节点的默认 B(1) 输入中将值设为 0.5。这个计算会使 y = 0 线位于正在生成的纹理的中心位置。
- 将刚刚创建的 Subtract 节点的输出连接到新创建的 Absolute 节点的输入，目的是使纹理上下对称。我们想要实现与上一节相同的结果，但让原点向右移动 0.5，使它位于纹理的中心，并在该轴上实现对称。
- 将 Absolute 节点的输出连接到第一个 Subtract 节点输入，如图 4-30 所示。
- 最后，为了在"场景"视图中查看效果，将第一个创建的 Subtract 节点的输出连接到 Fragment 块的 Base Color 输入，然后保存资源。

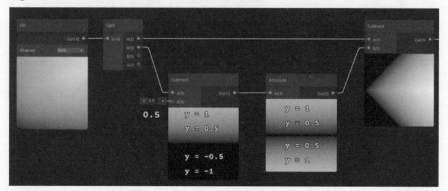

图 4-30 使用 Absolute 节点创建对称图案

4.2.4 使用 Fraction 节点和 Step 节点为箭头图案创建清晰的边缘

上一节实现了箭头图案的尖端，但我们希望这个图案能够更加清晰，角和边更加分明，就像图 4-3 展示的例子那样。图 4-31 中的 Line Renderer 展示了保存 Shader Graph 资源后的效果。

为了实现这一效果，我们将在第一个 Subtract 节点输出之后添加一些节点。这些节点应该放置在 Shader Graph 的最右侧，并连接到 Fragment 块的 Base Color 输入。

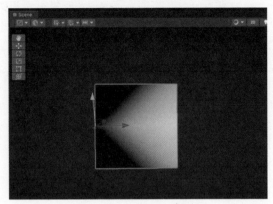

图 4-31 当前的箭头图案

- 创建一个 Fraction 节点，将其输入连接到刚才提到的 Subtract 节点的输出。

  这将为箭头图案定义边界，但当前的效果看起来仍然像是渐变，我们想要的是更加清晰的边缘。

- 将 Fraction 节点的输出连接到 Step 节点的 In(1) 输入，并将 Step 节点的 Edge(1) 输入值设为 0.5，最终效果如图 4-32 所示。Step 节点和 Smoothstep 节点非常适合用来创建带有清晰边缘的效果，如合成效果、卡通效果和几何图案。

- 最后，将 Step 节点的输出连接到 Fragment 块的 Base Color 输入。

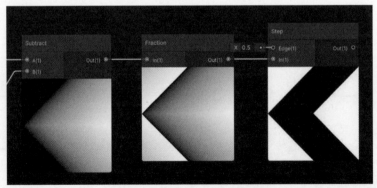

图 4-32 使用 Fraction 节点和 Step 节点实现带有清晰边缘的箭头图案

Fraction 节点会将小于 0 的值取反。请记住，Fraction 节点会执行这个操作：Frac(In(1)) = In(1) - Floor In(1))。

例如，如果 In(1) 是负值，Floor(-0.1) 将得到小于或等于 -0.1 的最大整数，即 -1。因此，Frac(-0.1) 的结果为 -0.1 - (-1) = -0.1 + 1 = 0.9。正是这种特性使 Fraction 节点非常强大，因为无论输入值是正还是负，重复模式都可以正常工作。

最后，Step 节点会将输入的渐变阈值设为 0.5，这意味着小于 0.5 的值将变为 0（黑色），大于 0.5 的值将变为 1（白色）。在 Shader Graph 编辑器中保存资源后，Line Renderer 就会显示一个漂亮的、边缘清晰的箭头，如图 4-33 所示。

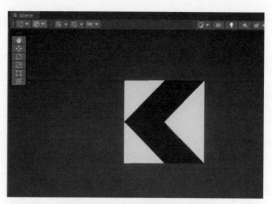

图 4-33 边缘清晰的箭头图案

现在可以尝试拉伸 Line Renderer，并让这个图案沿其表面重复显示。在 Unity 编辑器的 "层级" 选项卡中选中 Line 对象，在 "检查器" 选项卡最顶部的 Transform 组件中，将缩放从（1,1,1）改为（1,1,3），如图 4-34 所示。

图 4-34 在 z 轴上缩放箭头 3 个单位

这将使 Line Renderer 在其局部 z 轴方向上拉伸 3 个单位。但是，由于我们之前已将纹理模式从拉伸模式改成平铺模式，箭头图案将沿着缩放后的 Line Renderer 重复三次，如图 4-35 所示。

图 4-35 清晰的箭头图案

4.2.5 使箭头在 Line Renderer 上滚动显示

本节的目标是实现动态效果,让这些箭头在 Line Renderer 上滚动显示。这种效果会使 Line 对象看起来更加灵动,并暗示玩家,可以获得加速效果。为了实现这种滚动效果,请按以下步骤操作。

- 创建一个新的 Multiply 节点,该节点的 A(1) 输入接收新创建的 Time 节点的输出 Time(1),B(1) 输入则将连接到一个浮点值输入。把这个 Float 输入作为属性公开,将其命名为 Scroll Speed,默认值设为 0.5。这个值用于控制箭头图案在 Line Renderer 上滚动的速度。
- 创建一个 Add 节点,将其 B(1) 输入连接到之前已经与 Fraction 节点相连的 Subtract 节点的输出。结合使用 Add 节点和 Fraction 节点可以实现滚动效果,就像之前在扫描线效果中所做的那样。此外,Time 节点将使滚动效果随时间进行,从而让它动起来。
- Add 节点的 A(1) 输入将接收之前创建的 Multiply 节点,该节点用于控制滚动速度,如图 4-36 所示。

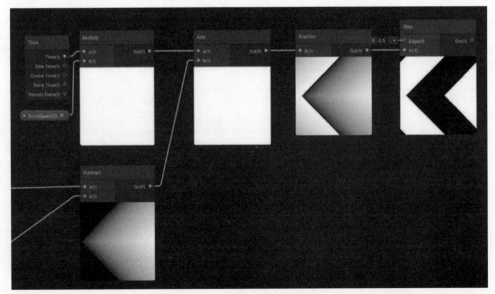

图 4-36 通过 Time 节点、Multiply 节点和 Add 节点实现动态效果

保存资源后回到"场景"视图,可以看到,箭头图案正沿着 Line 对象的表面滚动。可以通过更改 Scroll Speed 属性来调整滚动速度。如果将这个属性设为负值,箭头会向反方向滚动。

4.2.6 自定义箭头图案的颜色

这个效果已经接近完成了，但一般来说，除非在制作暗色调的游戏，否则很少会使用完全黑白的效果。因此，我们需要利用 Lerp 节点为箭头增添颜色，具体步骤如下。

- 创建一个 Lerp 节点，将之前创建的 Step 节点输出连接到 Lerp 节点的插值器 T(1) 输入。
- 创建两个 Color Input 节点，用于定义箭头图案的两种颜色。将它们分别连接到 Lerp 节点的 A(1) 输入和 B(1) 输入。可以将这些 Color Input 节点作为属性公开，这样未来就可以利用相同的着色器创建不同的材质。请随意按照自己的喜好更改这两个颜色属性，比如改成蓝色和粉色。Lerp 节点会在 T(1) 为 0 时从 A(4) 颜色开始插值，当 T(1) 为 1 时插值到 B(4) 颜色。由于 Step 节点的输出只有 0 或 1，因此我们实际上是在将箭头纹理的黑色部分设为 B(4) 颜色，白色部分设为 A(4) 颜色。这是 Shader Graph 中为黑白纹理着色的最常用方法。
- 将 Lerp 节点的输出连接到 Fragment 块的 Base Color 输入，如图 4-37 所示。

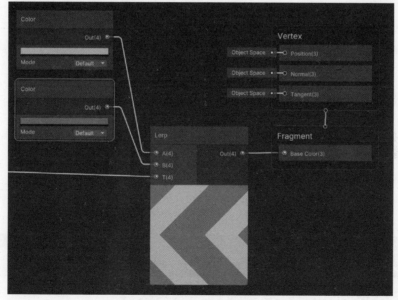

图 4-37 彩色箭头图案

保存资源并查看"场景"视图，最终效果会与图 4-38 保持一致。

图 4-38 带有边缘清晰的彩色滚动箭头图案的 Line Renderer

干得漂亮！如果想实现不同的效果，可以尝试调整箭头的滚动速度和输入的颜色。

4.3 消融效果

这个效果非常适合用来让死去的敌人消失，或者让物体从宇宙尘埃中神奇地出现。为了创建消融效果，我们将按照以下步骤操作。

- 使用 Gradient Noise 节点创建噪声纹理。
- 使用 Add 节点创建渐进的消融效果。
- 实现动态的 PingPong 消融效果。
- 创建彩色的边缘消融效果。
- 创建彩色边缘。

4.3.1 使用 Gradient Noise 节点创建噪声纹理

首先，我们将执行一些常规操作，如下所示。

- 在 Unity 编辑器的"项目"选项卡中单击鼠标右键，选择选择"创建"▶ Shader Graph ▶ URP ▶ "光照 Shader Graph"。将其命名为 Dissolve。

- 单击鼠标右键刚才创建的无光照 Shader Graph 资源，然后选择"创建"➤"材质"创建一个附加了该 Shader Graph 的新材质。
- 在"层级"选项卡中单击鼠标右键，选择"3D 对象"并在场景中创建任意类型的 3D 对象。接着，选中要应用着色器的对象。
- 将材质资源从"项目"选项卡中拖放到场景中的 3D 对象上。

我们想让希望对象能够消融，让它的某些部分逐渐变得不可见。为此，需要将对象设为透明的，具体步骤如下：

- 双击"项目"选项卡中的资源，打开 Shader Graph。
- 打开 Graph Inspector 面板，并选择 Graph Settings 选项卡。
- 找到 Surface Type 设置，并将其从 Opaque 改为 Transparent，如图 4-39 所示。
- Fragment 块中会出现 Alpha 输入。现在，着色器的透明效果已经生效了，Alpha 值将决定对象在场景中的透明度。

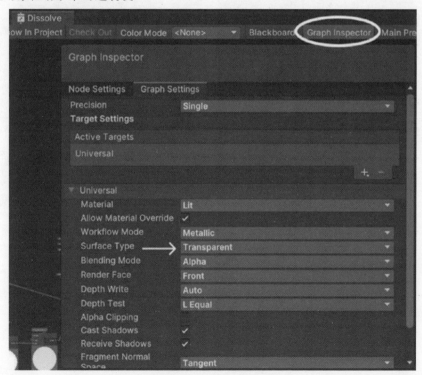

图 4-39 使对象变得透明

4.3.2 添加噪声纹理到 Alpha 输入

我们将为 Alpha 输入添加一个噪声纹理，使对象按照噪声图案逐渐溶解。具体步骤如下。

- 创建一个新的 Gradient Noise 节点，并将输入 Scale(1) 设为 5 到 10 之间的浮点值。请记住，Scale 输入决定了纹理的缩放比例。数值越大，噪声纹理的分辨率就越高。可以将这个值作为属性公开，以便在材质的"检查器"中进行调整。
- 将 Gradient Noise 节点的输出连接到一个新的 Step 节点的 In(1) 输入，将 Edge(1) 输入设为 0.5，以创建边缘清晰的渐变纹理。最后，将 Step 节点的输出连接到 Fragment 块的 Alpha 输入，如图 4-40 所示。

在 Shader Graph 编辑器中创建的纹理和颜色可以连接到 Main Stack 中不同块的几乎所有输入节点，从而实现不同的视觉效果。如图 4-41 所示，噪声纹理的黑色部分使对象变得透明，而白色部分则保持对象不透明。

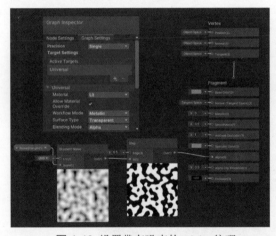

图 4-40 设置带有噪声的 Alpha 纹理

图 4-41 将当前材质应用到兔子模型上

4.3.3 使用 Add 节点实现逐渐消融的效果

现在，我们想要控制对象在场景中的透明度，并根据自定义值逐渐溶解对象。为了实现这一点，请按以下步骤操作。

- 在我们刚创建的 Gradient Noise 节点和 Step 节点之间创建一个新的 Add 节点。
- 将 Add 节点的 B(1) 输入连接到 Gradient Noise 节点的输出,并将 Add 节点的输出连接到 Step 节点的 In(1) 输入。

尝试更改 Add 节点的 A(1) 输入中的默认浮点值,以实现不同的消融效果。A(1) 中的正值会为渐变噪声纹理添加白色,使对象变得不透明,而负值则会增加纹理中的黑色部分,使对象变透明(图 4-42)。Step 节点的阈值将把值大于 0.5 的部分设为纯白色,低于 0.5 的部分设为纯黑色。

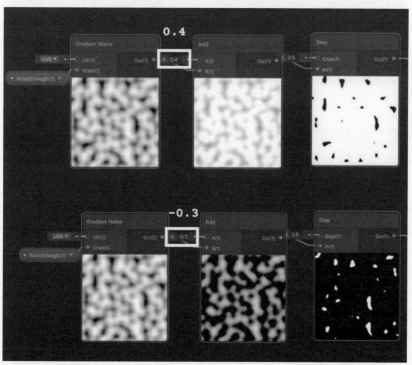

图 4-42 在不同的 Add 节点 A(1) 的默认值下,产生的溶解效果也有所不同

如图 4-43 所示,A(1)Float 输入值的不同会对对象的透明度产生影响。

图 4-43 应用在兔子模型上的不同消融状态

4.3.4 动态 PingPong 消融效果

这一节将创建一个 PingPong[①] 循环动画，使场景中的对象从完全不透明状态过渡到完全消融的状态。操作步骤如下。

- 创建一个 Time 节点，并将 Sine Time(1) 输出连接到新创建的 Remap 节点的 In(1) 输入。
- Sine Time(1) 节点会遵循正弦函数的曲线，随着时间的变化输出 -1 到 1 之间的浮点数。这种输出非常适合用来创建 PingPong 这样的循环动画。
- 保持 Remap 节点的 In Min Max(1) 的默认值（-1,1）不变，因为它们是正弦函数的最大和最小输出值。
- 将 Remap 节点的 Out Min Max(1) 输入设为（-1.5,1），以确保对象从完全透明到完全不透明的过渡。
- 最后，将 Remap 节点的输出连接到之前创建的 Add 节点的 A(1) 输入，如图 4-44 所示。

---

① PingPong 动画是一种在两个状态之间来回反复循环的动画，就像在两个球拍之间来回弹跳的乒乓球一样。

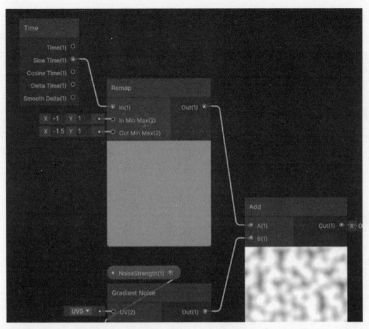

图 4-44 保存着色器后，就可以在"场景"视图中看到对象从透明逐渐过渡到不透明，非常酷

4.3.5 沿自定义方向的消融效果

我们在之前在扫描线效果中做过类似的操作，现在，我们想让这个效果沿特定的方向发生。例如，当一个对象被等离子枪击中时，对象会从被击中的那一侧开始逐渐解体。操作步骤如下。

- 创建一个 Position 节点，将 Coordinate Space 下拉菜单设置为 Object，然后将输出连接到 Dot Product 节点的 B(3) 输入。
- 将一个 Vector3 输入节点连接到 Dot Product 节点的另一个输入。将该节点作为属性公开，并命名为 DissolveDirection，默认值设为（1,1,0），这意味着消融效果会沿对角线进行。
- 最后，将 Dot Product 节点的输出连接到 Step 节点的 Edge(1) 输入，如图 4-45 所示。

通过将梯度纹理连接到 Step 节点的 Edge(1) 输入，我们实际上是在将梯度纹理用作 Step 函数的阈值。Step 节点会将梯度纹理的值与 Edge(1) 输入设置的阈值进行比较。对于梯度纹理中低于阈值的输入值，Step 节点会输出 0；对于等于或高于阈值的输入值，Step 节点会输出 1。

这样就在 Step 节点定义的两种状态和噪声纹理之间形成了明显的过渡效果。

如图 4-46 所示，噪声纹理会沿着特定方向逐渐对对象产生影响并按照梯度方向发生变化。

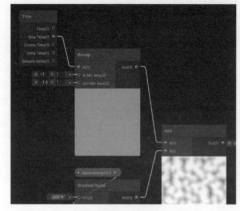

图 4-45 设置消融效果的方向

图 4-46 场景中的对象逐渐受到噪声影响

4.3.6 创建带颜色的溶解边缘

现在，我们来到了最具挑战性的部分。这一节将创建一个边缘，使消融效果更加突出，让玩家能够清楚地看出正在发生什么。举例来说，如果玩家使用的等离子枪发射的是绿色子弹，那么在敌人消融时，应该生成一个绿色的边缘。为了实现这一点，请按照以下步骤操作。

- 将之前创建的 Dot Product 节点的输出连接到一个新创建的 Add 节点的 A(1) 输入。然后，将 Add 节点的 B(1) 输入连接到一个 Float 输入节点，并将其作为属性公开，命名为 Edge Width（边缘宽度）。Edge Width 的值应始终为正数，以在控制 alpha 值的梯度之间创建偏移。默认值设为 0.23，如图 4-47 所示。
- 将最后创建的 Add 节点输出连接到一个新创建的 Step 节点的 In(1) 输入。同时，将 Edge(1) 输入连接到我们创建的第一个输出噪声纹理的 Add 节点的输出，如图 4-48 所示。
- 创建一个 Multiply 节点，将最后创建的 Step 节点输出连接到 Multiply 节点的 B(1) 输入。
- 创建一个 Color 输入节点，可以将其作为属性公开，命名为 Edge Color，并将其连接到 Multiply 节点的 A(1) 输入。

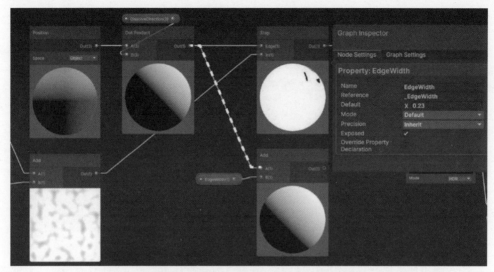

图 4-47 使用 Add 节点创建梯度偏移

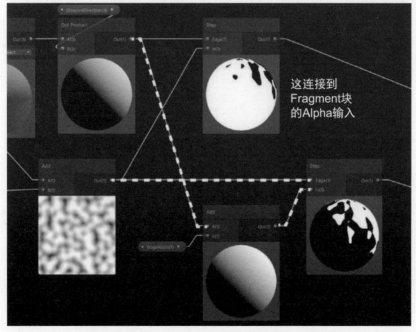

图 4-48 使用 Step 节点为溶解效果创建明显的边缘

- 最后，将 Multiply 节点的输出连接到 Fragment 块的 Emission 输入，如图 4-49 所示。

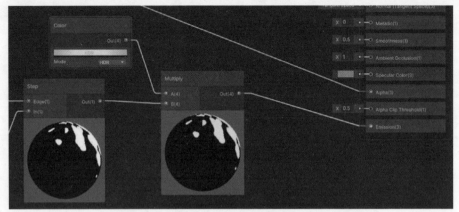

图 4-49 创建彩色边缘

- 保存资源并返回"场景"视图，可以看到，对象会以 PingPong 动画的形式，按照噪声图案逐渐显现和消失，如图 4-50 所示。

图 4-50 消融效果

可以尝试使用不同的噪声图案，或者调整边缘宽度和颜色，直到获得理想的效果为止。GitHub 上的项目提供了不同的噪声纹理，可以探索一下。

4.4 全息投影着色器

在开发科幻风格的游戏时，这种着色器非常有用，它可以创建极具未来感的全息投影。为了实现这一着色器，我们将按照以下步骤操作。

- 使用 Screen Position（屏幕位置）节点创建垂直渐变。
- 使用 Fraction 节点重复图案。
- 使用 Noise 节点使图案随机化。
- 使用 Add 和 Time 节点创建动态图案。
- 为全息投影的渐变线条添加颜色。
- 使用 Fresnel 节点增强视觉效果。
- 使用逻辑节点和随机节点创建闪烁效果。

4.4.1 使用 Screen Position 节点创建垂直渐变

在"项目"选项卡中单击鼠标右键，选择"创建"▶ Shader Graph ▶ URP ▶ 无光照 Shader Graph，并将其命名为 Hologram。然后，单击鼠标右键刚刚创建的无光照 Shader Graph 资源，选择"创建"▶"材质"。在该"层级"中创建一个新的 3D 对象，然后将材质拖放到该"层级"中或"场景"视图中的该对象。

接着，将 Hologram 着色器的 Surface Type 设为 Transparent，具体步骤如下。

- 双击"项目"选项卡中的 Shader Graph 资源，以打开 Shader Graph 编辑器。
- 打开 Graph Inspector 面板，选择 Graph Settings 选项卡。
- 找到 Surface Type 选项，将其从 Opaque 更改为 Transparent。电影或游戏中出现的全息图通常是由高科技设备投射到空气中的影像，它们表面会有一些移动的线条，以模拟全息效果。这些线条的方向与投影对象的方向或大小无关。在本例中，为了模拟这种效果，我们将使用 Screen Position 节点来控制这些滚动线条的方向。我们通常使用 Screen Position 节点的默认模式。该模式会将屏幕像素除以裁剪空间位置，返回归一化的屏幕坐标，范围是（0,0）到（1,1）。与直接提供像素未经变换的屏幕位置的原始模式不同，默认模式输出的坐标会经过摄像机投影矩阵的变换和调整。图 4-51 展示了该坐标系的完整示意图。

- 创建一个 Screen Position 节点，并使用默认模式。此节点将输出当前像素在屏幕上的位置。它会在对象上显示一个恒定的纹理，这个纹理不受对象位置和 UV 映射影响，从而在对象所在的位置创建全息效果。

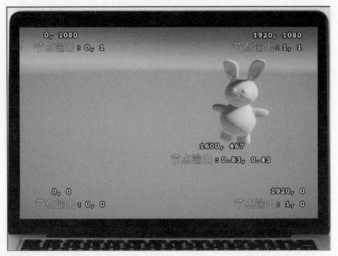

图 4-51 在默认模式下，Screen Position 节点参考的对象位置

- 将 Screen Position 节点的输出连接至 Split 节点，并将 G(1) 输出连接至 Fragment 块的 Alpha 输入。如此一来，对象的透明度将根据它在屏幕上的垂直位置逐渐变化，如图 4-52 所示，屏幕底部为 0（透明），顶部为 1（不透明）。对象的透明度取决于它在屏幕上的位置。具体效果在 Unity 编辑器的"游戏"视图中查看，如图 4-53 所示。

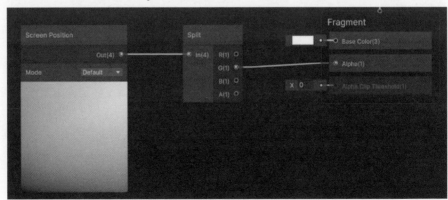

图 4-52 使用 Screen Position 节点

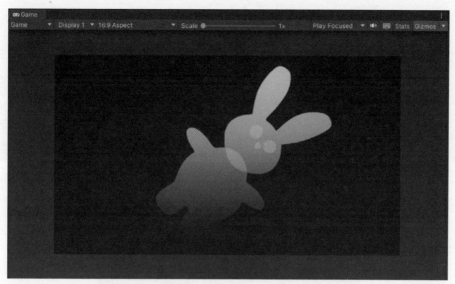

图 4-53 屏幕顶部附近的物体碎片比底部的更不透明

4.4.2 使用 Fraction 节点创建重复图案

现在,我们希望这一效果能在对象上以一定的频率重复,以模拟科幻电影中全息投影的效果。为了实现这一点,需要按以下步骤操作。

- 将 Split 节点的 G(1) 输出连接到 Multiply 节点的 A(1) 输入。
- 将 Multiply 节点的 B(1) 输入连接到一个 Float 输入节点,将其命名为 Resolution,默认值设为 5。正如之前提到的那样,Multiply 节点会输出大于 1 的值,而 Fraction 节点会提取小数部分,形成重复图案。
- 将 Multiply 节点的输出连接到 Fraction 节点的输入,生成水平梯度线条图案,如图 4-54 所示。
- 最后,将 Fraction 节点的输出连接到 Fragment 块的 Alpha 输入,保存资源后在"场景"视图中查看效果。

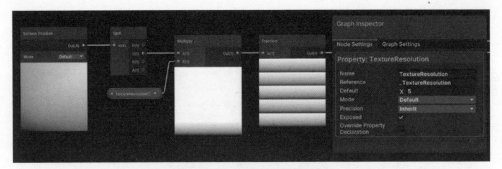

图 4-54 重复的水平线条图案

如图 4-55 所示，"场景"视图中的对象表面显示着在屏幕的垂直方向上重复的图案。无论如何旋转对象，这些垂直线条的方向都不会改变，因为这些线条使用屏幕坐标作为参考。

图 4-55 带有水平图案效果的兔子模型

4.4.3 使用 Noise 节点随机化图案

目前的全息投影着色器看起来比较单调，因为它缺乏细节。游戏或电影中的全息效果通常是断断续续且不规则的，目的是模拟受环境和光线噪声影响的三维投影。为了实现这种效果，请按照以下步骤操作。

- 创建一个 Simple Noise 节点，将其 UV(2) 输入连接到 Fraction 节点的输出。
- 创建一个值在 30 到 60 之间的 Float 输入节点，并将其连接到 Simple Noise 节点的 Scale(1) 输入。公开这个输入，并将其命名为 Noise Resolution。将这个值设置得较低会让生成的不规则图案具有较低的分辨率，更符合我们预期的视觉效果。
- 将 Simple Noise 节点的输出连接到 Fragment 块的 Alpha 输入。

Fraction 节点的输出结果被用作 Simple Noise 节点的 UV(2) 输入，它会将噪声计算扭曲为线条图案，生成不规则且带有噪点的梯度线条纹理，就像科幻作品中全息投影的故障效果一样，如图 4-56 所示。

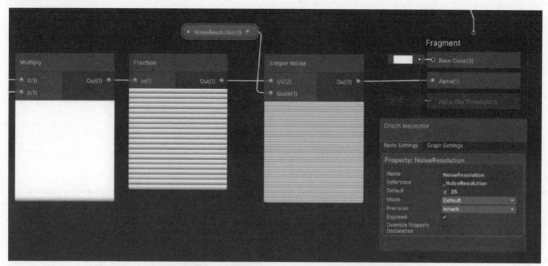

图 4-56 使用 Simple Noise 节点随机化线条图案

如图 4-57 所示，这个效果越来越接近我们期望中的科幻效果了。

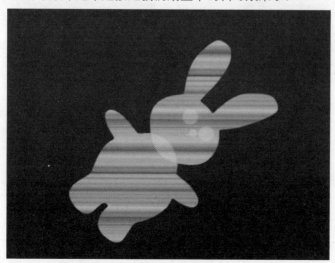

图 4-57 应用了随机化线条图案的兔子模型

4.4.4 使用 Add 节点和 Time 节点创建动态图案

为了让对象看起来是由投影仪投射出来的,这些线条需要沿着对象表面滚动。就像本章中的其他效果一样,全息投影效果也将是动态的,以模拟投影仪在三维空间中渲染对象的过程。要实现该效果,请按照以下步骤操作。

- 创建一个 Time 节点,将其 Time(1) 输出连接到 Multiply 节点的 A(1) 输入。
- 把 Multiply 节点的 B(2) 输入连接到一个新的 Float 输入节点,将其作为属性公开,命名为 Scroll Speed,并将默认值设为 0.1。
- 将 Multiply 节点的输出将连接到新创建的 Add 节点的 B(2) 输入。
- 这个 Add 节点将放在之前创建的 Split 节点和 Multiply 节点之间。Add 节点的 A(1) 输入连接到 Split 节点的 G(1) 输出,Add 节点的输出连接到最初创建的 Multiply 节点的 A(1) 输入,后者负责管理纹理的分辨率,如图 4-58 所示。

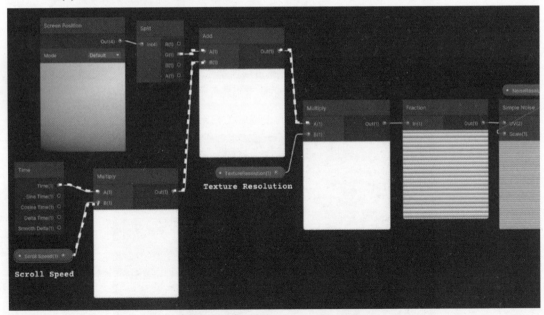

图 4-58 应用到图案上的滚动动画

保存这些更改后，图案就会在屏幕的垂直轴上以自定义速度滚动。将 Scroll Speed 设为较低的值（0.1 到 0.5 之间）可以得到比较好的效果。将 Scroll Speed 设为负值可以反转滚动方向。

4.4.5 为渐变全息线条添加颜色

黑白效果显得比较单调。在科幻电影或游戏中，全息图通常以炫目多彩的颜色显示。我们按以下步骤为其添加颜色。

- 创建一个新的 Multiply 节点，并将其 B(4) 输入与 Simple Noise 节点的输出连接。
- 创建一个 Color 输入节点，设置为 HDR，并将其公开为 Base Color，并连接到刚刚创建的 Multiply 节点的 A(4) 输入。
- 将该 Multiply 节点的输出连接到 Fragment 块的 Base Color 输入，如图 4-59 所示。

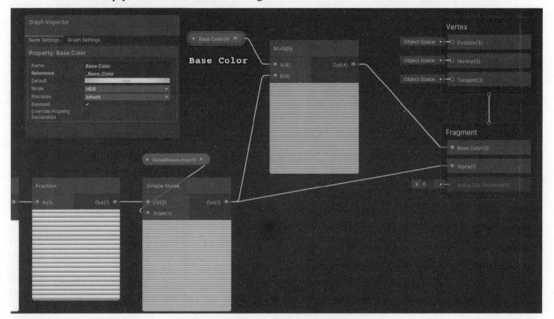

图 4-59 为全息图案添加颜色

图 4-60 展示了最终的着色器效果，但它缺乏立体感。全息影像本应该是投影到空间中的虚拟三维物体。

图 4-60 彩色全息图

目前的效果缺乏立体感，显得太过平面化了，因为这是一个无光照的 Shader Graph 效果。接下来，我们将通过使用 Fresnel（菲涅耳）效果，在对象边缘周围添加一个体积光效果，这个效果会随着用户视角的改变而变化。

4.4.6 通过 Fresnel 节点增强效果

本节将通过 Fresnel 效果来在不受外部光源影响的情况下为对象添加立体感，具体步骤如下。

- 创建一个 Fresnel Effect 节点，将其 Power(1) 默认值设置为 3。如果想方便地调整边缘光晕的宽度，可以公开该属性。
- 将 Fresnel Effect 节点的输出连接到 Multiply 节点的 A(1) 输入，将 B(2) 输入连接到一个设置为 HDR 的 Color 输入节点。将 Color 节点作为属性公开，命名为 FresnelColor。图 4-61 展示了这一实现。

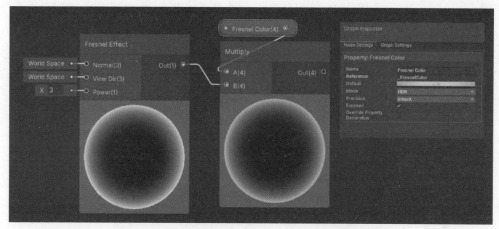

图 4-61 彩色的 Fresnel 效果

现在，将 Fresnel 节点组连接到先前创建的 Hologram 效果节点。
- 创建一个 Add 节点，将刚刚创建的 Multiply 节点输出连接到其 A(4) 输入。
- 将 Add 节点的 B(4) 输入连接到上一小节中创建的 Multiply 节点，该节点负责把 Base Color 属性应用到着色器上。
- 最后，将 Add 节点的输出连接到 Fragment 块的 Base Color 输入，如图 4-62 所示。

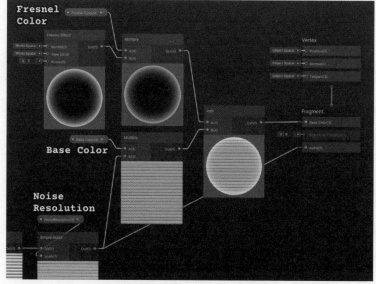

图 4-62 添加 Fresnel 效果

Fresnel Effect 节点会让网格边缘呈现出渐变且发光的颜色，营造出光照效果的错觉，使 3D 网格更加生动，而不会与实时方向光相互作用。图 4-63 展示了最终的全息投影效果。

图 4-63 Fresnel 效果完善了着色器效果

如图 4-64 所示，我们可以在检查器中查看所选的材质的属性值。

图 4-64 检查器中公开的属性值

4.4.7 使用 Logic 节点和 Random 节点创建闪烁效果

作为拓展练习，这一节将为最终的全息投影着色器增加一点额外的特效。我们将创建一种故障效果——随机闪烁，以模拟全息投影因光线强度的波动而闪烁的效果。现在，请按以下步骤操作。

- 首先，创建一个 Time 节点，将其输出 Time(1) 连接到 Random Range 节点。将 Random Range 节点的 Min(1) 和 Max(1) 默认值分别设为 0 和 1，如图 4-65 所示。
- 在 Random Range 节点的预览中，可以看到它在高频率地随机闪烁。其原因在于，Random Range 节点会在 Min(1) 和 Max(1) 之间输出一个值，在此例中分别是 0 和 1。Seed(2) 值决定了在这些输入之间生成的随机值，因此每次 Seed(2) 值发生变化时，都会生成一个 0 到 1 之间的随机值。

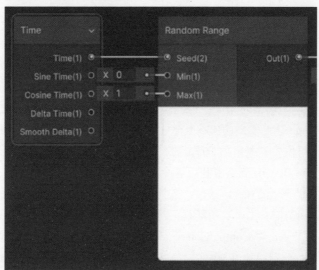

图 4-65 Random Range 节点

我们不希望闪烁不断地发生，而是想让它以较低的频率随机出现，以模拟投影设备的故障。我们希望闪烁效果能够在时间上受到控制，同时也具有随机性。为了实现这一效果，请按照以下步骤操作。

- 创建一个 Comparison 节点，并将之前创建的 Random Range 节点输出连接到其 A(1) 输入。
- 将 B(1) 输入的默认值设为 0.9。
- 最后，将 Comparison 节点的选项设为 Greater（大于），如图 4-66 所示。

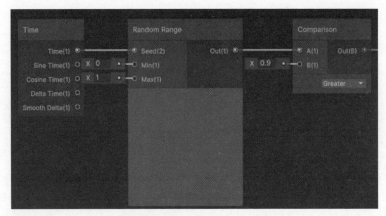

图 4-66 添加 Comparison 节点

Comparison 节点会比较两个值并输出一个布尔值（True/False）作为结果。它接受两个输入，通常是数值或向量，并使用指定的比较操作符来进行判断。可用的比较操作符包括：Equal（等于）、Not Equal（不等于）、Greater Than（大于）、Greater Than or Equal To（大于或等于）、Less Than（小于）和 Less Than or Equal To（小于或等于）。本例选择了 Greater（大于），因此如果 A(1) 大于 B(1)，则输出为 True；否则输出为 False。

因为 Random Range 节点输出的值在 0 到 1 之间，所以只有当 A(1) 大于 0.9 时，输出才会为 True，这意味着闪烁发生的概率为 10%。

接下来，我们将在 Branch 节点中利用这个布尔值输出来生成相应的效果。当 Predicate(B) 为 True 时，Branch 节点输出 True(1) 的值；若为 False，则输出 False(1) 的值。最终，我们将得到一个大约每十个时间周期发生一次的随机闪烁效果。请按以下步骤操作。

添加一个 Branch 节点，将 Comparison 节点的输出连接到 Branch 节点的 Predicate(B) 输入，True(1) 和 False(1) 输入分别设为 0.4 和 0。当 Comparison 节点的输出为 True 时，Branch 节点输出 0.4；否则，输出 0，如图 4-67 所示。

为了将此效果应用到当前的着色器，请按以下步骤操作。

- 将 Branch 节点的输出连接到新 Add 节点的 A(1) 输入。
- 将新 Add 节点的 B(1) 输入将连接到之前创建的 Add 节点的输出，后者之前连接的是 Fragment 块的 Base Color 输入。
- 最后，将新建的 Add 节点的输出连接到 Fragment 块的 Base Color 输入，如图 4-68 所示。

图 4-67 闪烁效果中 Branch 节点的输出

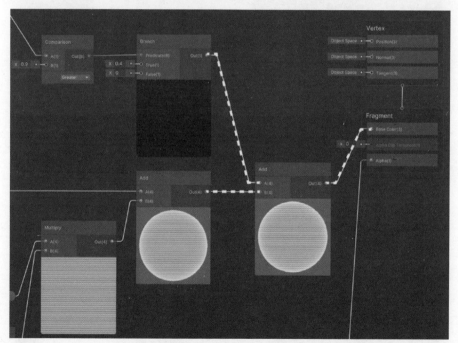

图 4-68 添加闪烁效果

保存资源后，就可以看到对象开始随机闪烁，产生了一个带有故障感的效果，这与科幻全息投影效果非常适配。

4.5 重构着色器

这个着色器的效果虽然很不错，但节点众多，连接复杂。借着这个机会，我们可以学习一下如何对这些节点进行分组，以及如何在 Blackboard 中按类别整理属性。

通过按住并拖动鼠标来选中所有相关节点，随后单击鼠标右键并从弹出的快捷菜单中选择 Group Selection（图 4-69）或使用快捷键 Ctrl + G。

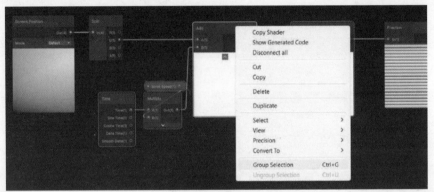

图 4-69 节点分组

这会在选中的节点周围创建一个边框，可以像操作单个节点一样拖动它。此外，通过双击顶部标签，可以为该分组命名，如图 4-70 所示。

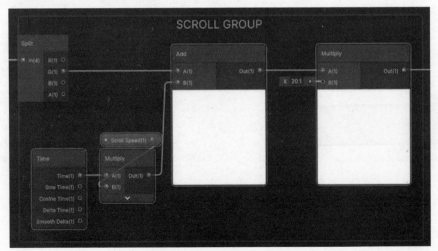

图 4-70 创建并重命名分组

动态着色器 143

在着色器中进行分组是一个很好的实践,因为这会让着色器的可读性更高且易于理解。

另外,如果想要为公开属性进行分类,可以单击 Blackboard 右上角的 + 按钮并选择 Category(类别),如图 4-71 所示。

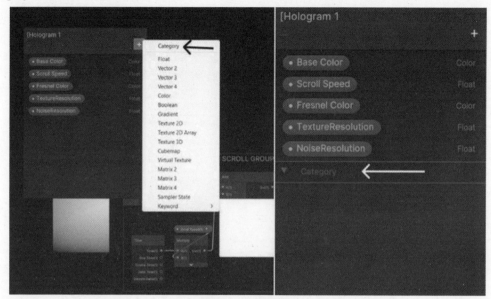

图 4-71 创建类别

可以通过双击来重命名类别。接下来,将属性拖放到相应的类别中,如图 4-72 所示。如图 4-73 所示,创建后的类别将会显示在材质的"检查器"中。

图 4-72 分类名称和属性

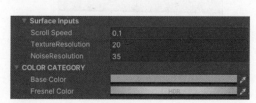

图 4-73 在材质的"检查器"中显示的类别

4.6 小结

希望你在制作这些着色器的过程中既体会到乐趣，也对动态效果有了深刻的理解。本章探讨了许多基础节点的实现方法和与图形重构相关的知识，因此请花些时间回顾本章介绍的所有内容，并尝试进一步调整自己创建的着色器。

下一章重点介绍 Deformation（变形）着色器，并讲解如何使用 Shader Graph 中的 Vertex 块来改变对象的形状，以创建实时雪花生成器、程序性的游鱼动画等出色的效果。

第 5 章 Vertex 着色器

本章将利用 Master Stack 中 Vertex 块的 Vertex Position 节点来改变网格的顶点位置,这将影响这些顶点形成的多边形的排列和方向,从而使我们能够实时改变任何形状的网格表面(mesh surface)。这项技术通常用于创建变形效果、程序性动画等,具体如下所示。

- 程序性游鱼动画(procedural fish animation):我们将使用正弦波模式(Sine wave pattern)来使小鱼模型变形,让它看起来像是在海洋中游动,如图 5-1 所示。利用这种方法,我们无需实现动画所要的复杂设置(如骨骼、顶点加权、设置关键帧等),即可使小鱼模型有动画效果。

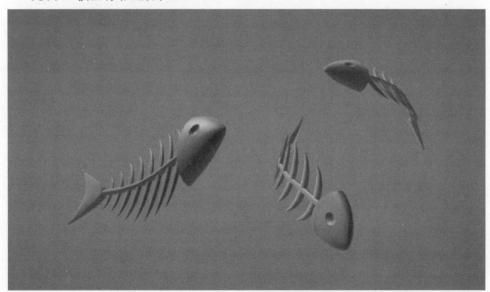

图 5-1 使用 Vertex 着色器实现的程序性游鱼动画

- 体积雪(Volumetric Snow)效果:如果游戏以圣诞为主题,那么游戏场景中的对象上当然要覆盖着一层厚厚的积雪。本节将学习如何通过变形网格的顶点来实现图 5-2 中显示的效果。

图 5-2 雪着色器

- 吸入场景中的对象的奇点：在开发太空主题的游戏时，我们可能希望游戏中的黑洞能够像图 5-3 那样吸入游戏场景中的对象。本章将研究如何通过操控不同网格的顶点位置和参考点来实现这个效果。

图 5-3 游戏场景中的元素正在被奇点吸入

5.1 程序性游鱼动画

在游戏开发中，要为网格制作动画，通常需要完成许多前期设置（如创建骨架、为网格加权、设置关键帧等和动画曲线等），根据 3D 模型的不同，这个过程可能变得相当复杂。显然，我们不会采用这种方式来制作动画，而是通过着色器来修改网格的顶点，在不必进行前期设置的情况下制作动画。本节将讲解如何使用 Vertex 着色器为小鱼网格创建一个自然的、实时计算的循环动画。具体步骤如下。

- 导入并设置小鱼网格。
- 获取小鱼模型的朝向。
- 使用 Sine 节点（正弦）生成一个波形模式。
- 使波形移动动态化。
- 在选定的轴上使网格变形。
- 调整波形模式的强度。

5.1.1 导入并设置鱼类网格

为了制作游鱼动画，首先需要做什么？没错，首先需要有一个网格模型。本书并不涉及与 3D 建模有关的知识，所以，我们将会使用来自 The Base Mesh[①] 这个 CC0 网站的免费 FBX 模型。这个网站提供了超过 900 个免费授权的网格，可以用于个人或商业项目。

打开提供的链接后，进入网站的主页。单击主页中央的 View Library 按钮，如图 5-4 所示。

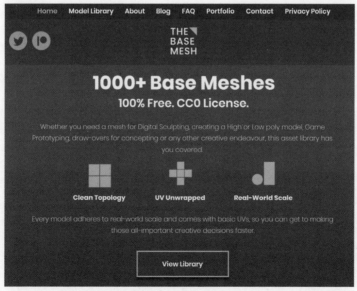

图 5-4 网站主页

---

① https://thebasemesh.com

随后，你将被重定向到一个页面，可以在其中搜索并下载各种网格。在搜索栏中输入 Fish，找到本节将要使用的鱼骨网格，如图 5-5 所示。

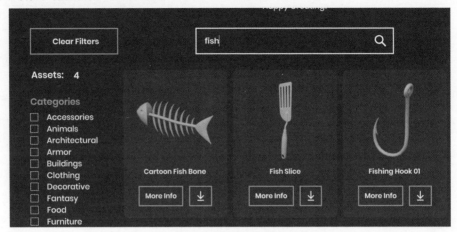

图 5-5　卡通鱼骨网格

单击网格预览图下方的下载按钮，一个 ZIP 文件将下载到电脑中。解压该文件后，可以在其中找到多个文件（FBX、OBJ 文件及网格预览图）。这里需要导入 FBX 文件，[①] 它存储着网格、动画、材质等与模型相关的信息。

要将 FBX 文件导入 Unity 项目，只需将 FBX 文件从文件资源管理器（在 Mac 电脑上为 Finder）中拖入 Unity 编辑器的"项目"选项卡中即可，如图 5-6 所示。

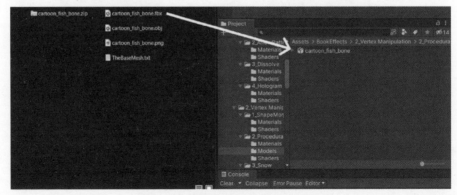

图 5-6　将 .FBX 文件导入 Unity 项目

---

① FBX（Filmbox）是游戏开发中常用的一种文件格式，用于存储 3D 模型、相关动画、材质等模型信息。

这个 FBX 文件也可以在本书的 GitHub 存储库中找到，路径为 Assets ➤ BookEffects ➤ 2_VertexManipulation ➤ 1_Procedural Animation ➤ Models。

现在，我们已经做好了准备，可以在 Unity 中使用全新的 URP 光照 Shader Graph 为鱼骨模型制作动画了。请按以下步骤操作。

- 右键单击"项目"选项卡中的空白处，选择"创建"➤ Shader Graph ➤ URP ➤ "光照 Shader Graph"，并将新创建的 URP 光照 Shader Graph 命名为 ProceduralAnimation。
- 右键单击新创建的 Shader Graph，选择"创建"➤ "材质"。
- 将刚刚下载的 FBX 文件从"项目"选项卡拖到"场景"视图或"层级"选项卡中。
- 将新创建的材质资源拖放到 cartoon_fish_bone 对象上，以将材质应用到它的网格渲染器上。

接下来，就可以设置 Shader Graph，让鱼骨开始游动。

5.1.2 获取小鱼模型的朝向

首先，我们需要了解鱼是如何游动的。如果看过关于海洋的纪录片或去过水族馆，你可能会注意到，鱼通过不断扭动身体来推动水流，从而在水中游动。

我们的任务是通过正弦函数移动鱼骨模型的顶点，使它看起来像在游动。为了实现这一效果，先来分析一下图 5-7。其中，一张鱼的照片叠加到正弦函数图上。我们可以清楚地看到，当鱼在游动时，它的形状与正弦函数相符。

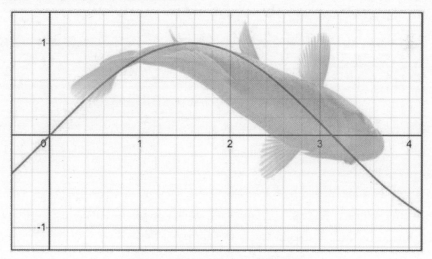

图 5-7 鱼的运动与正弦函数的比较

接下来,我们需要确定以下两个方向。

- 鱼的行进方向:换句话说,就是鱼的朝向。这个向量将被用作正弦函数的输入。
- 变形顶点的方向:为了创建这种运动,鱼骨网格的顶点需要沿着鱼骨的两侧移动,但哪个局部向量定义了这个方向呢?

为了获得这些信息,需要在 Unity 编辑器中执行以下操作。

- 使用 gizmo 工具来显示 cartoon_fish_bone 对象的局部坐标系,确定它的局部朝向。
- 设置移动工具,显示 cartoon_fish_bone 对象的局部坐标系的向量箭头。
- 在 "场景" 或 "层级" 视图中单击 cartoon_fish_bone 对象,在 "场景" 视图中显示 gizmo,如图 5-8 所示。

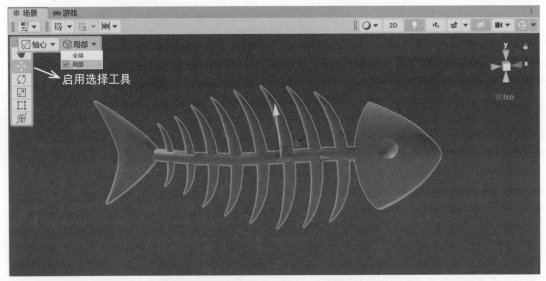

图 5-8 显示 cartoon_fish_bone 对象的局部坐标

通过观察坐标轴的颜色,可以确定鱼的朝向是 X/R 轴,而顶点的移动方向是 Z/B 轴。了解这些信息后,就可以着手修改 Shader Graph 了。双击之前创建的 Shader Graph 资源,并按照以下步骤操作。

- 创建一个 Position 节点,在其下拉菜单中选择 Object,以便访问每个顶点的局部坐标。
- 创建一个 Split 点,将其输入连接到刚刚创建的 Position 节点的输出,如图 5-9 所示。
- 将 Split 节点的 R(1) 输出连接到新创建的 Sine 节点的输入。

- 然后，为了检查我们是否正朝着正确的方向前进，将 Sine 节点的输出连接到 Fragment 块的 Base Color 输入，如图 5-9 所示。

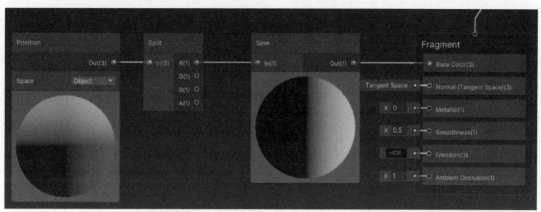

图 5-9 将顶点的 X/R 分量连接到 Sine 节点的输入

保存资源后，查看 cartoon_fish_bone 对象（图 5-10）。可以看到，我们成功获得了正确的 X/R 坐标，因为渐变显示在这个方向上。但是，目前并没有显示任何波形效果，这是因为 R(1) 的值在 0 到 1 之间。为了看到波形效果，需要将该输出与 WaveAmount 值相乘。

图 5-10 将顶点的 X/R 分量连接到 Sine 节点的输入的效果

5.1.3 使用正弦节点创建波形图案

为了实现理想的波形图案,需要增加正弦函数的频率。正如图 5-11 所示,通过将 Sine 节点的输入与一个值相乘,可以提升波形模式的频率。

如果比较函数 sin(2In(1)) 和 sin(In(1)),会发现 Sin(2In(1)) 的频率是 sin(In(1)) 的两倍。

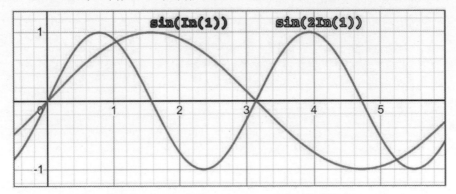

图 5-11 sin(2x)(蓝色)与 sin(x)(红色)的对比

接下来,我们将通过在 Sine 节点之前将 Split 节点的输出乘以一个值来调整 Sine 节点的频率,具体步骤如下。

- 新建一个 Multiply 节点,将其 A(1) 输入连接到一个默认值为 5 的新 Float 输入节点。将此属性公开并命名为 WaveAmount,以便后续在"检查器"中进行调整。
- 将 Multiply 节点的 B(1) 输入连接到之前创建的 Split 节点的 R(1) 输出。
- 最后,将 Multiply 节点的输出连接到 Sine 节点的输入,如图 5-12 所示。

让我们暂且将节点连接到 Fragment 块的 Base Color 输入,以便直观地展示顶点的移动路径。

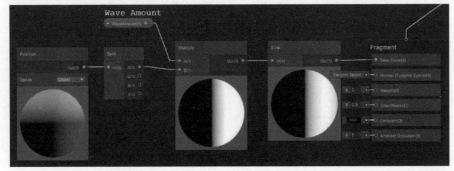

图 5-12 通过调整 WaveAmount 来提升正弦频率

将 WaveAmount 值增加到 60 后，就可以在场景中看到沿着鱼的 X/R 坐标轴显示的正弦波，如图 5-13 所示。

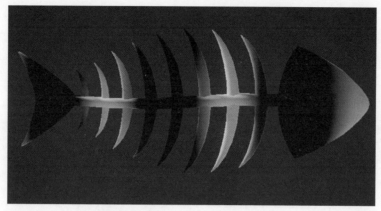

图 5-13 沿鱼的 X/R 轴显示的波形

可以看见，这些波形并没有沿 X 轴移动，因为 Sine 节点的输入是静态的，因此鱼不会真正地移动。为了解决这个问题，需要使用 Time 节点来对正弦函数进行偏移。

5.1.4 使波形模式动态化

为了实现这一效果，需要为 Sine 节点的输入加上一个固定的偏移值。图 5-14 展示了函数 sin(In(1)) 与 sin(2 + (In(1))) 之间的对比。后者在 X 轴上偏移了两个单位。

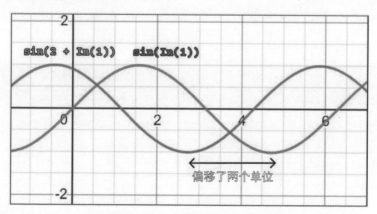

图 5-14 sin(2+In(1)) 与 sin(In(1)) 的对比

我们的目标是持续增加偏移值，以便在 X/R 坐标轴上形成动态变化的正弦波。为了实现这一效果，我们将使用 Time 节点，具体步骤如下。

- 创建一个 Time 节点，将其 Time(1) 输出连接到新建的 Multiply 节点的 A(1) 输入。然后，将 Multiply 节点的 B(1) 输入连接到一个 Float 输入，并将后者公开为 WaveSpeed，默认值设为 0.5，如图 5-15 所示。使用 Sine 节点的方式与之前使用 Fraction 节点的方式类似。Sine 节点擅长创建平滑的重复模式，而 Fraction 节点在模式之间的过渡较为生硬。不过，它们的原理是相同的。

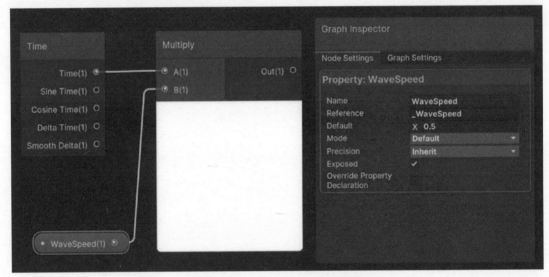

图 5-15 Time 节点和 Multiply 节点

- 对 Sine 节点的输入进行乘法运算会提高波形的重复频率。
- 将一个常数与 Sine 节点的输入相加会使波形发生位移。
- 创建一个 Add 节点，并将其放置在第一个 Multiply 节点与 Sine 节点之间。该 Add 节点将接收两个 Multiply 节点的输出，并将其结果输入 Sine 节点，如图 5-16 所示。

这种方法将增加一个持续递增的偏移量，使波形沿着鱼的 X/R 坐标轴移动。保存资源后，在"场景"视图中查看效果，如图 5-17 所示。

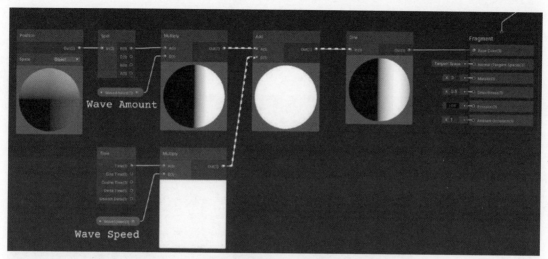

图 5-16 Sine 节点的移动效果

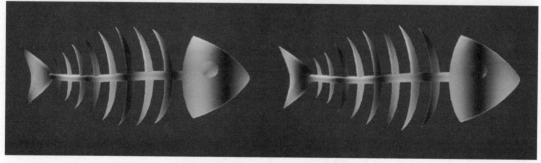

图 5-17 显示移动波形的鱼模型

5.1.5 沿指定轴变形网格

我们已经在网格的颜色中展示了正弦函数的效果，接下来，是时候使用这个波形来使网格变形了。我们将把正弦函数的结果转换为鱼模型顶点在 Z/B 轴上的移动，也就是沿着鱼的两侧移动。为了实现这一点，请按照以下步骤操作。

- 创建一个 Vector3 输入节点，并将默认值设为（0,0,1）。
- 创建一个 Multiply 节点，将之前创建的 Sine 节点输出连接至其 A(3) 输入。
- 接着，将刚刚创建的 Vector3 输入节点连接到 Multiply 节点的 B(3) 输入端。

Vertex 块的 Position 节点需要接收一个 Vector3，表示顶点在世界坐标中的新位置，但 Sine 节点输出的是 float 值。因此，需要将 Sine 节点的输出结果存储在一个 Vector3 中。具体来说，由于顶点需要沿着 Z/B 方向移动，我们需要将 Sine 节点的输出存储在 Vector3 的 Z 分量中，如图 5-18 所示。

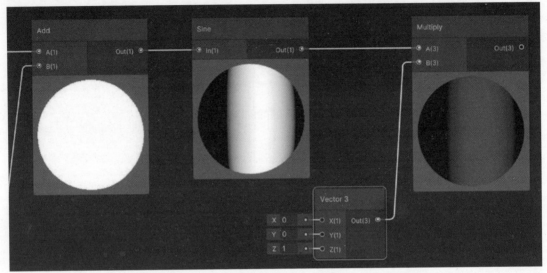

图 5-18 将 Sine 节点的输出存储到 Vector3 的 Z/B 分量中

我们正朝着正确的方向前进，因为 Multiply 预览中现在以蓝色显示正弦波形，这意味着 Sine 节点的输出已经成功存储在 Vector3 的 Z/B 分量中。现在，我们需要将存储在 Vector3 Z 分量中的变形结果与顶点的当前位置相加。按照以下步骤操作。

- 在对象空间中创建一个新的 Position 节点，以获取顶点的局部位置。
- 创建一个 Add 节点，将 Position 节点的输出连接到 Add 节点的 A(3) 输入，同时将 Multiply 节点的输出连接到 Add 节点的 B(3) 输入。
- 最后，将新创建的 Add 节点的输出连接到 Vertex 块的 Position 输入端，如图 5-19 所示。

由于要修改 Vertex 块中顶点位置的输入，所以我们可以移除与 Fragment 块中 Base Color 输入的连接，因为不再需要用它来调试了。

保存 Shader Graph 并返回 Unity 编辑器，会出现如图 5-20 所示的怪异情况。

尽管变形模式遵循我们设计的正弦模式，但因为没有控制变形强度，网格被过度拉伸。为了避免这种情况，需要对网格的变形进行更精细的控制。

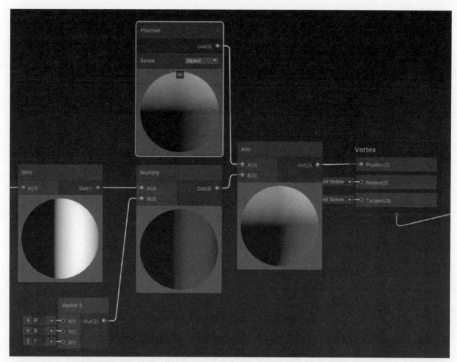

图 5-19 将正弦操作的结果与顶点位置的 Z/B 分量相加

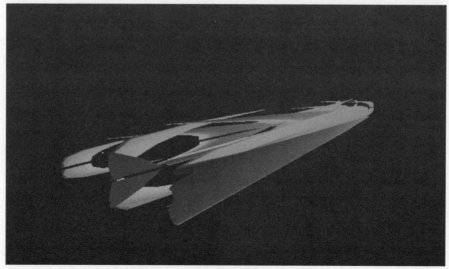

图 5-20 鱼骨网格沿 Z/B 轴过度变形

5.1.6 调整波形强度

正如之前看到的那样，鱼骨网格的变形效果太夸张了。为了实现更加真实可控的效果，需要略微降低 Sine 节点的输出。换句话说，我们需要减小正弦函数的振幅。这可以通过将 Sine 函数的输出乘以一个 0 到 1 之间的值来实现。

例如，在图 5-21 中，可以看到正弦函数的振幅在乘以 0.5 后缩小了一半。

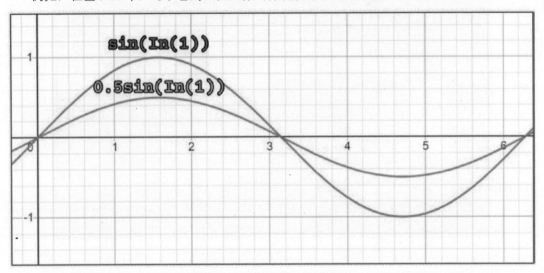

图 5-21 将正弦函数的幅度减半

首先，要在 Shader Graph 中实现这一效果，我们可以在 Sine 节点与之前创建的 Multiply 节点之间添加一个新的 Multiply 节点，用于将 Sine 节点的输出存储到 Vector3 的 Z/B 分量中。

然后，创建一个 Float 输入节点，将其命名为 WaveAmplitude，默认值设为 0.01，并将其连接到上一步创建的 Multiply 节点的另一个输入，如图 5-22 所示。这将把 Sine 节点的振幅缩小到原来的 1%。

最后，为了获得更理想的效果，请如下修改属性值：

- WaveAmount = 11
- WaveSpeed = 3
- WaveAmplitude = 0.01

使用这些值后，就可以得到流畅且自然的游动动画效果，如图 5-23 所示。

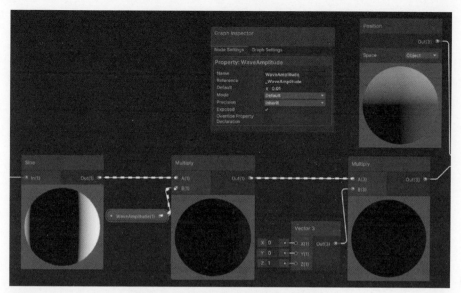

图 5-22 将正弦函数的幅度缩小 100 倍

图 5-23 场景中不同鱼骨模型的动画效果

这个效果使用 Sine 节点实现了类似 Fraction 节点的重复模式,但它更加细腻,波动感更强。在创建水波或旗帜等效果时,也可以使用这种技术。

5.2 体积雪效果

假设你正在开发一款圣诞主题的游戏，为了让场景中的对象与整体环境融合，每个对象顶部都需要有一层积雪，营造出一种雪花从天而降并堆积起来的效果。为了实现这种逼真的雪景效果，我们将按照以下步骤操作。

- 将 3D 模型导入到场景中。
- 定义雪的方向遮罩。
- 使用渐变遮罩来处理挤出（extrusion）效果。
- 沿法线挤出几何体。
- 修复因挤出而破损的网格。
- 添加遮罩颜色。
- 添加发光的菲涅耳效果。

5.2.1 将 3D 模型导入场景

与之前制作的效果类似，本例也将从外部导入 3D 模型——一个长椅。这个资源可以在 github 项目的 Assets ▶ BookEffects ▶ 2_VertexManipulation ▶ 2_Snow ▶ Models 路径下找到。

也可以从 The Base Mesh 网站中下载这个长椅模型。前往 Mesh Library 网站，在搜索框中输入 park bench 即可，如图 5-24 所示。

图 5-24 The Base Mesh 网站提供的长椅网格

单击下载按钮后，就可以得到一个 ZIP 文件，其中包含一个 FBX 文件和其他无关文件。将 FBX 文件拖入"项目"选项卡中的 Assets 文件夹即可将其导入到 Unity 项目中，如图 5-25 所示。

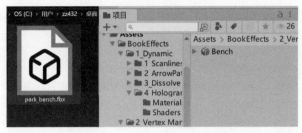

图 5-25 将 FBX 文件导入 Unity 项目

将该 FBX 资源从"项目"选项卡拖放到"场景"视图或"层级"选项卡中，并将它实例化到场景中，如图 5-26 所示。

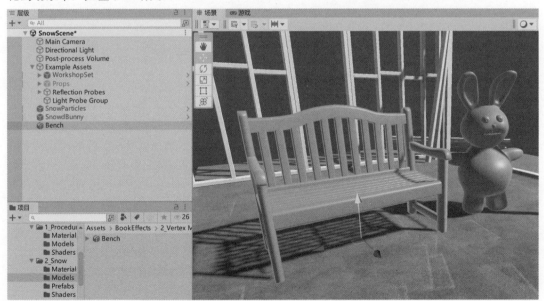

图 5-26 将 FBX 长椅模型实例化到场景中

5.2.2 定义雪的方向遮罩

首先来看现实中被雪完全覆盖的长椅照片，如图 5-27 所示。

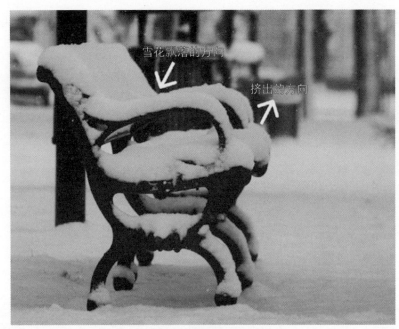

图 5-27 现实中覆满了积雪的长椅

可以看到，雪花从天空中飘落，堆积在长椅顶部，形成了一种"挤出"长椅原有形状的效果。这给人一种长椅表面随着雪的下落方向自然延伸的感觉。为了实现逼真的积雪效果，必须考虑雪的飘落方向。这个飘落方向将用于创建一个渐变效果，以遮罩需要挤出的顶点。

不过，在此之前，需要先创建并设置一个 URP 光照 Shader Graph。

- 在"项目"选项卡中的任意位置单击右键，选择"创建"➤ Shader Graph ➤ URP ➤"光照 Shader Graph"，命名为 Snow。
- 接着，右键单击刚刚创建的 Shader Graph 资源，选择"创建"➤"材质"，以创建一个材质。
- 将材质资源拖放到之前导入的长椅模型上。

现在，双击刚刚创建的 Shader Graph 资源，打开 Shader Graph 编辑器，并按照以下步骤操作。

- 新建一个 Normal Vector（法线向量）节点，并在下拉菜单中将其设为 World Space。
- 我们需要比较雪花飘落的方向向量与网格中每个顶点法线在世界空间中的方向。
- 创建一个默认值为 (0,1,0) 的 Vector3 节点，并将其作为 SnowDirection 属性公开。该向量将表示雪的飘落方向。

- 创建一个 Dot Product 节点，并将 Normal Vector 节点和 SnowDirection 输入分别连接到 Dot Product 节点的 B(3) 和 A(3) 输入，如图 5-28 所示。

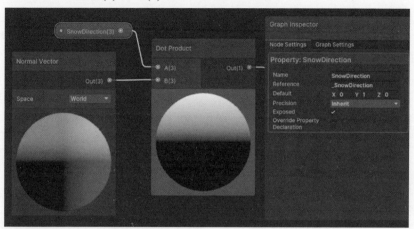

图 5-28 在特定方向上创建渐变效果

现在，可以将 Dot Product 节点的输出连接到 Fragment 块的 Base Color 输入，测试该效果。在游戏场景中可以看到，两个网格都显示指向 SnowDirection 向量的黑白渐变，如图 5-29 所示。

图 5-29 游戏场景中的网格上显示的渐变效果

根据 SnowDirection 的值，Dot Product 节点可能输出小于 0 的值（导致出现奇怪的条纹）或大于 1 的值（产生不受控的发光效果）。为了避免出现这些不可预测的结果，需要采取以下措施。

- 将一个 Saturate 节点连接到 Dot Product 节点的输出，以确保 Dot Product 的输出结果限制在 0 到 1 之间，如图 5-30 所示。
- 现在可以识别出法线指向 SnowDirection 属性所定义的方向的顶点，接下来要做的是沿着这些顶点的法线方向挤出它们，以在指定方向上创造额外的体积。

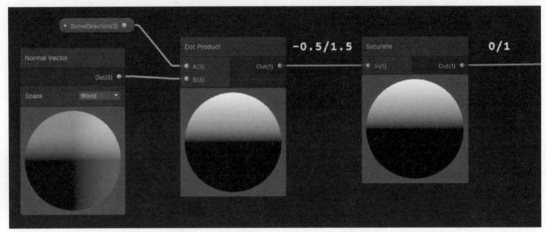

图 5-30 将 Saturate 节点添加到点积输出

5.2.3 沿法线挤出几何体

为了营造逼真的雪景效果，我们需要沿着由渐变定义的方向挤出网格的顶点。挤出操作应沿法线方向进行，以实现理想的效果并避免顶点和多边形发生重叠，如图 5-31 所示。

接下来，我们将在 Shader Graph 中获取每个顶点的法线方向，并遮罩它们，确保只有那些法线方向与 SnowDirection 属性所确定的方向平行的顶点才会被挤出，具体步骤如下。

- 新建一个 Normal Vector 节点，这次将其设为 Object/Local Space（对象/局部空间），因为我们正在沿每个本地法线方向移动网格的顶点。
- 将刚刚创建的 Normal Vector 节点的输出和之前的 Saturate 节点输出连接到同一个 Multiply 节点，如图 5-32 所示。

Vertex 着色器 | 165

图 5-31 雪沿着每个顶点的法线挤出

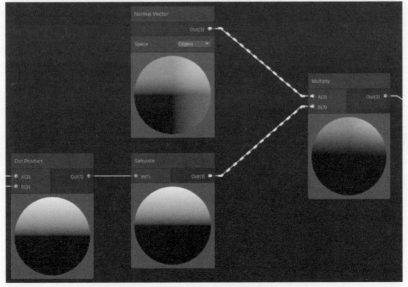

图 5-32 使用之前计算的渐变来遮罩法线向量

利用这种方法，可以只获取那些法线方向与 SnowDirection 属性方向平行的顶点。

接下来，需要将这些顶点的法线与一个数值相乘，以决定它们在法线方向上的挤出程度，具体步骤如下。

- 将 Multiply 节点的输出连接到另一个 Multiply 节点，新建一个名为 SnowAmount 的 Float 公开属性，默认值设为 0.2，将其用作 Multiply 节点的输入，如图 5-33 所示。
- 如此一来，就可以利用 SnowAmount 来控制网格的变形量，换句话说，它决定了对象表面积雪的厚度。

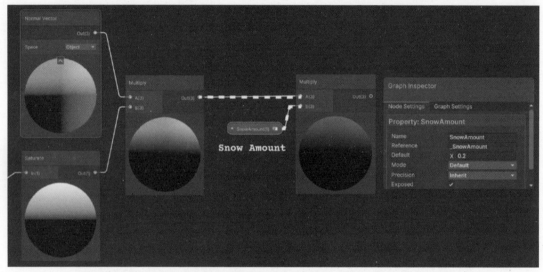

图 5-33 控制雪量

确定了每个顶点需要移动的方向和距离后，就可以将这个挤出量与每个顶点的位置相加了，具体步骤如下。

- 创建一个 Object 空间中的 Position 节点，以访问顶点的位置。
- 将 Position 节点的输出和刚刚创建的 Multiply 节点输出分别连接到 Add 节点的 A(3) 和 B(3) 输入。
- 最后，将 Add 节点的输出连接到 Vertex 块的 Position 输入，如图 5-34 所示。

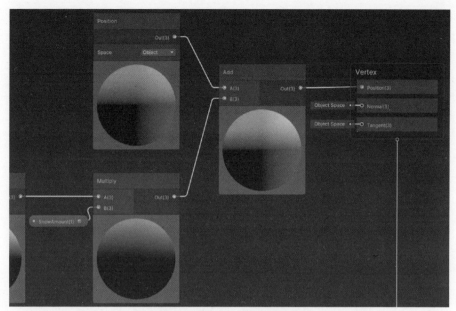

图 5-34 使用 Add 节点移动顶点

现在，只有那些法线与 SnowDirection 平行的顶点，才会按照 SnowAmount 中定义的量，沿其局部法线方向被挤出，如图 5-35 所示。

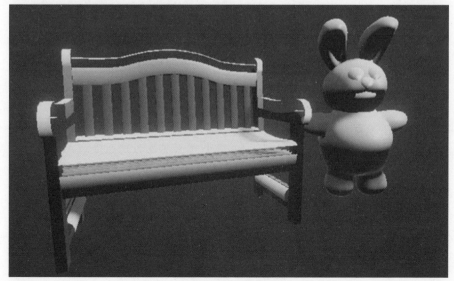

图 5-35 积雪效果

可以看到，长椅有些不对劲，它的顶点与网格分离了，导致多边形被分割，看上去很奇怪。下一节将会分析这一现象的原因，并探讨相应的解决方案。

5.2.4 修复破损的挤出网格

在使用硬边缘网格模型，比如之前导入的长椅网格时，此类问题很常见。为了更好地理解这个问题，让我们来看看一个更简单的例子：图 5-36 展示了一个立方体网格，这是最简单的硬边缘网格。可以看到，Unity 显示的网格信息中提到该立方体有 24 个顶点，而不是表面上看起来的 8 个。

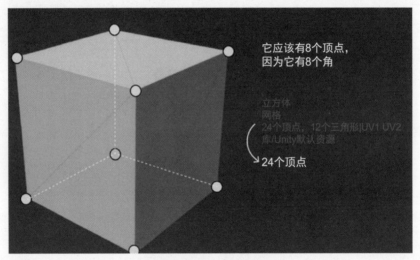

图 5-36 立方体网格信息

为了获得像这个立方体那样的硬表面，每个角周围的每个多边形都需要创建该顶点的副本，以确保每个新顶点的法线方向与相邻多边形的法线方向一致。如此一来，光线将会与同一个角的不同顶点法线产生不同的交互，从而生成看似平整的表面。让我们仔细观察一下立方体的一个角，如图 5-37 所示。

这个立方体的每个角周围都有三个相接的四边形，因此一个角上其实有三个顶点，每个顶点的法线分别指向其对应的四边形的法线方向。这就是 Unity 的立方体网格有 24 个顶点而不是 8 个（8×3 = 24）的原因。

由此可见，当顶点沿法线方向挤出时，同一角上的不同顶点会朝着不同的方向移动，导致网格裂开，如图 5-38 所示。

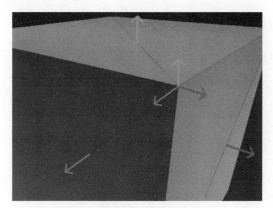 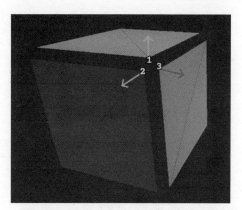

图 5-37 角的特写　　　　　　　　图 5-38 沿箭头方向分裂的立方体网格

这些额外的顶点是由 3D 建模软件在创建网格时自动添加的，目的是为了在光照着色器中正确生成硬表面光照效果。将网格导入 Unity 时，可以选择使用这些由 3D 建模软件计算好的法线，也可以让 Unity 根据我们设置的阈值角度（threshold angle）来计算法线。阈值角度会根据构成边缘的两个四边形之间的角度来判断这条边是硬边还是软边。

为了自定义网格的法线，在"项目"选项卡中选中之前导入的 Bench.fbx 文件，随后，检查器将会显示所有可调整的 FBX 模型设置，如图 5-39 所示。

找到高亮标出的"法线"设置，默认情况下，它被设为"导入"，这意味着 Unity 会导入并使用由 3D 建模软件计算的法线，而这些法线可能导致网格分裂。将其更改为 Calculate（计算），并将平滑角度设为 90。然后单击"应用"按钮，如图 5-40 所示。

单击"应用"按钮后，挤出的顶点就不会再导致长椅模型分裂了，如图 5-41 所示。

现在，挤出效果已经得到了完善，接下来的任务是添加一些光照和颜色，让雪看上去更真实。

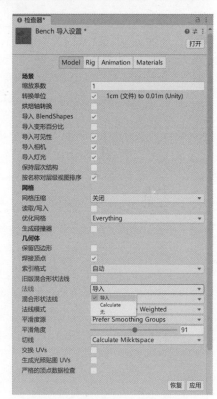

图 5-39 长椅 FBX 文件的设置

图 5-40 将法线设为 Calculate 并将平滑角度设为 90

图 5-41 平滑长椅法线以避免网格四边形分裂

5.2.5 添加遮罩颜色

为了在网格的原始颜色与雪的白色发光颜色之间实现自然过渡，我们将再次利用之前创建的遮罩方向渐变，并执行 Lerp（线性插值）操作。具体步骤如下。

- 复制之前创建的 Saturate 节点。这一步是必要的，因为 Shader Graph 不允许将连接到 Vertex 块的节点输出直接连接到以 Fragment 块为终点的其他分支。通过复制想要在两个着色器块中使用的节点，可以巧妙地绕过这一限制，继续完善效果，如图 5-42 所示。

■ 说明：要复制一个节点，可以在节点上单击右键然后选择 Duplicate，或者在选中节点的情况下使用快捷键 Ctrl +D。这种方法同样适用于复制/剪切和粘贴节点。请注意，复制出来的节点的输入也会连接到原节点所连接的节点。

- 接下来，创建一个 Power 节点，将其 A(1) 输入连接到刚刚复制的 Saturate 节点，B(1) 输入设置为 Float 值 0.42。这样可以使原本边界模糊的渐变变得界限分明，让雪看起来更显眼，如图 5-43 所示。
- 为了给雪增添色彩，需要将 Power 节点的输出与一个 HDR 模式下的 Color 输入节点相乘，将这个 Color 属性命名为 SnowColor。如图 5-44 所示，其默认值为 R = 93, G = 231, B = 210, A = 255，强度值为 0.4。
- 将 Multiply 节点的输出连接到 Fragment 块的 Base Color 输入，查看效果，如图 5-45 所示。

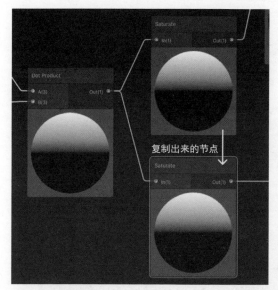

图 5-42 复制 Saturate 节点以在 Fragment 着色器中使用相同的渐变

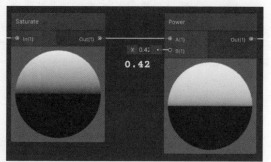

图 5-43 使用 Power 节点使渐变更加界限分明

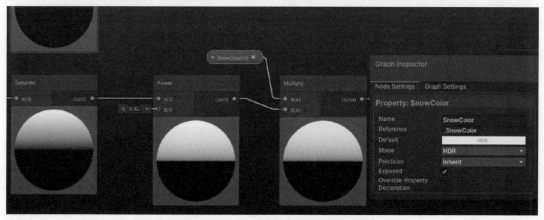

图 5-44 通过 Multiply 来改变雪的颜色

图 5-45 为雪增添颜色

现实中的积雪亮闪闪的,因为它由许多水结晶组成。我们将通过添加边缘发光效果(也称"菲涅尔效果")来模拟这种光泽感。

5.2.6 添加发光的菲涅耳效果

本节将创建一个具有光泽感的效果,以模拟真实的积雪,具体步骤如下。

- 首先,添加一个 Fresnel Effect 节点,将其 Power(1) 输入连接到一个公开的 Float 属性 RimPower,把后者的默认值设为 2.37。
- 然后,将 Fresnel Effect 节点的输出连接到一个 Multiply 节点,该节点还接收一个 HDR 模式下的 Color 输入,我将其命名为 RimColor,默认值为 R = 255, G = 255, B = 255, A = 255,强度值为 1.2,如图 5-46 所示。
- 最后,将 Multiply 节点的输出与先前创建的 Power 节点的输出相乘,以对 Fresnel Effect 进行遮罩,如图 5-47 所示。

Vertex 着色器

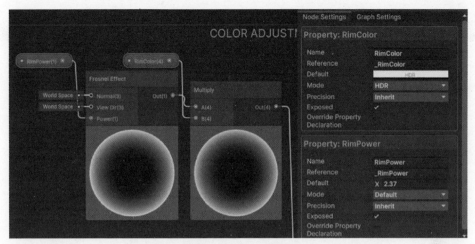

图 5-46 菲涅尔效果

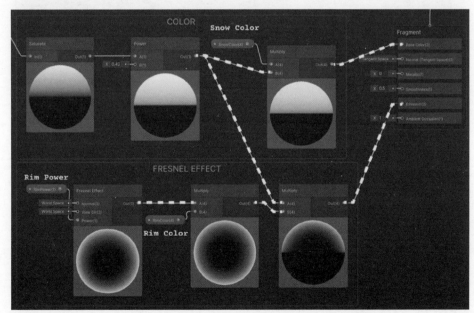

图 5-47 为 Snow 着色器发光效果添加菲涅尔效果

通过这种方法,渐变效果将作为遮罩,确保菲涅耳效果只显示在积雪区域,而不会影响对象表面的其他部分。请执行以下操作。

- 将最后创建的 Multiply 节点的输出拖动到 Fragment 块中的 Emission 输入。
- 在 Shader Graph 编辑器左上角保存 Shader Graph 资源后,在"场景"视图中查看最终效果。如图 5-48 所示,可以看到,长椅模型表面的积雪厚厚的,并且散发着微光。别忘了回顾我们所做的一切,并在不同材质中尝试调整公开属性,以实现不同的积雪效果。

图 5-48 场景中被雪覆盖的对象

5.3 从黑洞中生成对象

这个效果可以用来从一个奇点生成对象,也可以让对象被黑洞吞噬。我们将逐步调整场景中每个对象的顶点位置,将它们收缩到一个点,以模拟黑洞的效果。具体步骤如下。

- 完成准备工作。
- 使顶点向网格中心坍缩。
- 设置坍缩的目标奇点。
- 根据顶点与目标奇点的距离来坍缩顶点。
- 添加动态变化的发光颜色。

5.3.1 完成准备工作

本效果将会利用 WorkBench 游戏对象,它附带一系列子对象(如拼图、锤子、安全帽、工作台等),每个对象都引用不同的网格模型,如图 5-49 所示。这些对象可以在 URP 项目模板的示例场景中找到。可以选择使用这些现成的资源,也可以自行创建并导入其他对象,因为本示例对网格没有什么特别的限制。

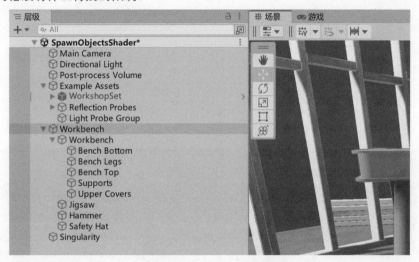

图 5-49 WorkBench 资源

现在,请按照以下步骤进行设置。

- "项目"选项卡中的任意位置右键单击,选择"创建" ➤ Shader Graph ➤ URP ➤ "光照 Shader Graph",将其命名为 SpawningShader。
- 右键单击刚刚创建的 Shader Graph 资源并选择"创建" ➤ "材质",以创建一个使用该 Shader Graph 的新材质。

最后,将材质拖放到想要应用该着色器的对象上。在本例中,我将它拖放到 WorkBench 父对象中所有带有 Mesh Renderer 组件的对象上。

5.3.2 使顶点向网格中心坍缩

我们先来了解一下黑洞的概念。黑洞是一个时空区域,它有着强大的引力,强到连光或其他电磁波都无法逃脱。在黑洞的中心,有一个无穷小的点,称为奇点,所有被黑洞吸收的物质都会坍缩到这个点上。我们将复制这一效果,使场景中的对象坍缩成一个发光的点。

首先，我们将要实现将网格顶点坍缩到一个局部点的效果。这是制作吸入效果的第一步，最终，我们希望网格的每个顶点都能坍缩到空间中的同一位置。

我们将对网格中的每个顶点进行线性插值，在其当前位置与局部原点（定义为局部 Vector3 (0,0,0)）之间进行过渡。利用 Lerp 节点，我们可以在原始网格和一个坍缩或缩小的网格（所有顶点都汇聚至于同一位置）之间实现平滑过渡。

双击之前创建的 Shader Graph 资源，然后在 Shader Graph 编辑器中执行以下操作。

- 在对象空间中添加一个 Position 节点，以访问连接到网格的顶点。
- 然后，将 Lerp 节点的输入 A(3) 连接到值为 (0, 0, 0) 的 Vector3 输入。
- 将另一个 Lerp 节点输入 A(3) 用值为 (0, 0, 0) 的 Vector3 输入填充。
- 最后，将 Lerp 节点的插值输入 T(3) 连接到一个默认值为 1 的 Float 输入节点，我将其作为可调整的属性公开，并命名为 Transition。将 Lerp 节点的输出连接到 Vertex 块的 Position(3) 输入，如图 5-50 所示。

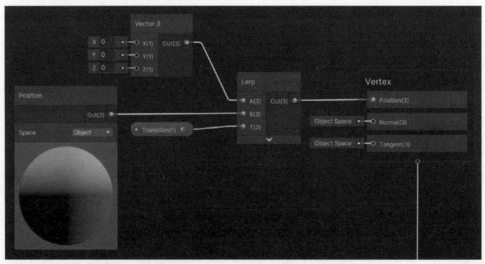

图 5-50 使用 Position 和 Lerp 节点实现的局部坍缩着色器

由此可见，Transition 值（介于 0 和 1 之间）将决定网格的顶点位置（所有顶点都坍缩到中心，或保持原来的位置）。

这个效果将使网格顶点向网格的局部中心坍缩，当 Transition 值为 0 时，网格完全坍缩；当 Transition 值为 1 时，则为默认状态（图 5-51）。属性 Transition 将代表网格在未坍缩状态和完全坍缩状态之间的状态。

图 5-51 Transition 值控制着游戏场景中的局部坍缩效果

5.3.3 设置坍缩的目标奇点

目前的效果并不符合黑洞的真实运作方式。我们的目标是让所有对象的网格的顶点都坍缩到空间中的同一点，这个点就是黑洞的中心。

为了实现这一点，需要将之前创建的 Vector3 输入节点的值从对象空间转换为世界空间。

- 将刚刚创建的 Vector3 输入节点作为属性公开，将其命名为 SingularityPosition（图 5-52）。如此一来，就可以在 Unity 或自定义脚本中随时更改坍缩的目标点。

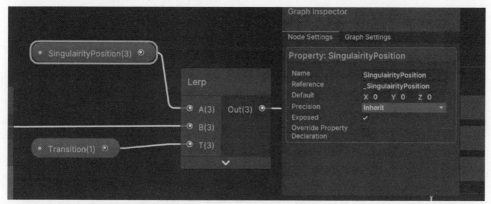

图 5-52 SingularityPosition 节点

因为我们在使用局部（对象）空间，所以这个 SingularityPosition 节点被着色器视为局部位置，而不是世界位置（所以每个对象都只会坍缩到各自的局部原点，而不是场景中的共同原点）。

为了让着色器将 SingularityPosition 节点视为从世界坐标转换为局部坐标的位置，我们要使用 Transform 节点，如图 5-53 所示。

图 5-53　Transform 节点

这个实用的节点接收一个 Vector3 输入，并将其从一个坐标空间转换到另一个坐标空间。我们需要调整以下几项设置。

- 左上角的下拉菜单用于选择原始坐标空间。本例将会选择 World（世界），因为我们希望着色器将世界坐标系中的原点（0,0,0）视为参考点，而不是网格的局部原点。
- 右上角的下拉列表用于指定目标坐标空间，将其设为 Object（对象），以将世界原点（0,0,0）转换为网格的局部坐标，使得顶点能以局部坐标为目标点。
- 右下角用于选择要转换的向量是表示位置还是方向；在本例中，选择 Position（位置）。

使用 SingularityPosition 值的节点会将这个值转化为相对于场景中心的局部坐标。现在，请执行以下操作。

- 将 SingularityPosition 属性连接到 Transform 节点的输入。
- 将 Transform 节点的输出连接到 Lerp 节点的 A(3) 输入，如图 5-54 所示。

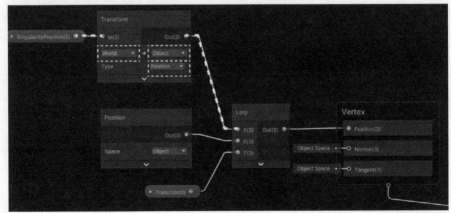

图 5-54　连接到 Transform 节点，以将 SingularityPosition 节点设置为世界参考

保存 Shader Graph 后返回"场景"视图，可以看到，将 Transition 属性设置为 0 时，网格顶点会坍缩到由 SingularityPosition 属性设定的位置（图 5-55）。若想设置新的目标点，可以更改 SingularityPosition 属性值。

■ 说明：在"场景"视图中创建对象时，它的默认位置是（0,0,0），因此在测试效果时，请确保将它们从这个位置上移开。

目前，所有顶点似乎是同步移动的，产生的效果更像是位移和缩放，而不是预期的黑洞效果。我们希望顶点逐渐被奇点吸入。离黑洞最近的顶点最先被吸引，一直到最远的网格顶点。

图 5-55 所有网格都坍缩到同一世界位置（即世界原点）

5.3.4 根据顶点与目标奇点的距离来坍缩顶点

场景中对象的顶点应该根据它们与奇点的距离，逐渐被吸入黑洞内部。离奇点最近的顶点将最先被吸入，从而导致网格变形，并产生一种被黑洞吞噬的视觉效果。

为了实现这个效果，请在 Shader Graph 中执行以下操作。

- 创建一个新的世界空间 Position 节点，以便获取顶点位置与奇点位置在世界空间中的距离。
- 从 Blackboard 中拖放或复制粘贴之前创建的实例，以创建 SingularityPosition 属性的副本。
- 将刚才创建的 Position 节点输出和 SingularityPosition 节点输出连接到一个 Distance 节点（图 5-56）。这个节点将计算连接的两个向量（A(3) 和 B(3) 输入）之间的距离。

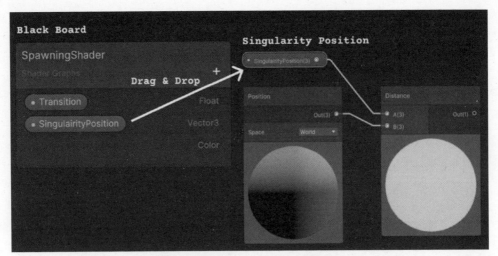

图 5-56 计算奇点与位置之间的距离

■说明：因为 Position 节点设置为世界空间，所以无需转换 SingularityPosition 的坐标空间，因为它本就以世界坐标系为基础。

- 将 Distance 节点的输出连接到 Subtract 节点的 A(1) 输入。
- 然后，断开 Transition 属性节点与 Lerp 节点的 T(3) 输入的连接，将其重新连接到 Subtract 节点的 B(2) 输入，如图 5-57 所示。

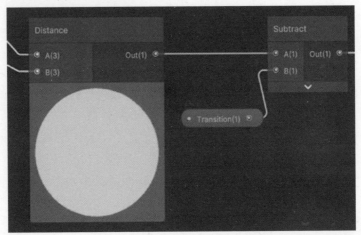

图 5-57 Distance 与 Transition 相减

Subtract 节点将创建 Distance 与 Transition 属性之间的依赖关系。顶点将根据与奇点中心的距离逐渐被吸入，产生自然的吞噬效果。

例如，当 Transition 的值大于 0 时，它们将被奇点吸入，具体取决于与奇点的距离。然而，如果 Transition 值为 0，顶点几乎不会受到奇点的影响，除非它们非常接近奇点的位置。Transition 的值越大，奇点对对象的引力就越大。现在，请按照以下步骤操作。

- 将 Subtract 节点输出连接到新创建的 Saturate 节点的输入，将值限制在 0 到 1 之间，以避免出现意外情况。
- 将 Saturate 节点的输出连接到之前创建的 Lerp 节点的 T(3) 插值器，如图 5-58 所示。

通过这种方式，根据对象的顶点与奇点的距离以及 Transition 属性的值，这些顶点会逐渐被吸入，如图 5-59 所示。

除了在吸入过程中使网格变形，模拟出逼真的吞噬效果外，我们还设法使黑洞效果关联到对象和奇点之间的距离。

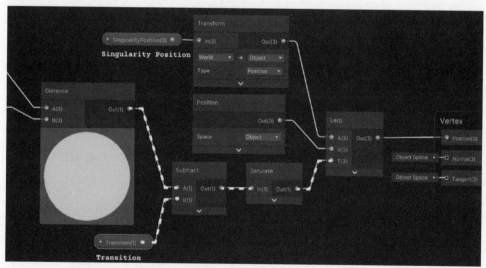

图 5-58 根据顶点与奇点的距离进行位置插值，以实现平滑过渡效果

图 5-59 根据与奇点的距离吸收效果

5.3.5 添加坍缩发光颜色

目前来看,除了看到对象变形,我们无法直观地看出对象何时受黑洞的影响。为了增加视觉线索,我们将添加一个动态变化的颜色,以模拟黑洞强力拖拽对象,导致它们因剧烈摩擦而过热,最终溶解成空间中的一个点的情况。具体步骤如下。

- 将之前创建的 Subtract 节点的输出连接到新创建的 Saturate 节点。
- 回想一下之前创建 Snow 效果的经验,如果想让节点链同时以两个 Main Stack 块作为终点,就需要找到节点链中最后一个需要在两个块中使用的节点,并复制它,如图 5-60 所示。

现在,我们希望对象在坍缩时发光,这意味着需要反转第二个 Saturate 节点的输出值,如下所示。

- 创建一个 One Minus 节点,将其输入连接到刚刚创建的 Saturate 节点的输出。Distance 节点输出的值越大,表示片元离 SingularityPosition 节点越远。因为我们希望比较靠近的片元受到颜色遮罩的影响,所以需要使用 One Minus 节点来反转 Distance 节点的输出。

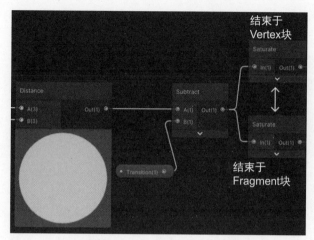

图 5-60 前序计算相同的不同分支

- 然后，将 One Minus 节点的输出与一个 Color 输入相乘，将后者作为属性公开并命名为 EmissionColor，设置为 HDR 模式，默认值设为（R = 191, G = 62, B = 0, A = 255），强度值设为 2.5。
- 最后，将最新创建的 Multiply 节点的输出连接到 Fragment 块的 Emission 输入，如图 5-61 所示。

图 5-61 为移动的碎片添加颜色

保存这些更改后，就可以在"场景"视图中检查最终结果。如图 5-62 所示，对象正在逐步向 SingularityPosition 属性所设定的位置坍缩。

图 5-62 对象在向奇点坍缩

5.4 小结

本章创建了顶点位移效果，并学习了如何访问 Vertex 块以更改顶点位置、变形网格、挤出多边形，以及为网格创建动画。

本章还在同一个着色器中使用 Main Stack 块，了解了 Shader Graph 在这方面的限制，并介绍了相应的解决方法。

下一章将探索 distortion（扭曲）着色器，了解如何使用它们来访问和修改场景的颜色，进而创造出黑洞中的空间扭曲或冰面折射等惊人的效果。

第 6 章 扭曲着色器

视觉扭曲指的是对视觉刺激进行调整、变形或操控,使其外观与原始或预期的样子产生偏差。这种扭曲会改变对象、信号或概念的特性、属性或感知。换句话说,就是让人产生所见之物变形了的错觉。

一个典型例子是光的折射。光线在通过不同密度的介质,比如空气和水,或者通过材质中不同晶体结构,如彩色玻璃或冰时,会发生折射。如图 6-1 所示,透过一个有纹理的玻璃杯看,它后面的水果根据这个纹理发生了变形。

图 6-1 玻璃折射导致后面的水果变形

本章将重点讨论屏幕空间扭曲,这种效果会根据像素位置和扭曲纹理来扭曲屏幕上的图像。它首先需要照常渲染场景,然后应用一个后处理着色器,使用扭曲纹理(无论是下载的还是程序生成的)来修改屏幕像素的 UV 坐标。本章将讨论以下效果。

- 冰面折射:这个效果的原理与图 6-1 中的效果类似。我们将在场景中添加一块冰面,模拟光线折射的效果,如图 6-2 所示。

图 6-2 冰的折射效果

- 黑洞扭曲：黑洞的引力极强，足以扭曲其周围的空间，在其周围产生螺旋状的幻象。这一部分将会研究如何在黑洞周围创建一个螺旋动态扭曲效果，如图 6-3 所示。
- 额外内容：此效果还包含一个模拟黑洞中心的简单着色器。

图 6-3 黑洞扭曲了周围的空间

6.1 冰纹理折射

这个效果旨在模拟光线穿过不规则晶体材质（例如彩色玻璃、冰或流动水）时产生的折射。我们将按照以下步骤来在着色器中复现这种效果。

- 进行初始设置。
- 修改场景颜色以创建扭曲效果。
- 利用冰面纹理改变场景颜色。
- 使用冰面纹理和颜色自定义着色器。

6.1.1 准备工作

这个效果不需要用特殊的网格或复杂的设置，但为了更直观地展示效果，我们将在场景中其他对象的前面放置一个平面网格，这样就能清楚地看到着色器的作用。现在，请按照以下步骤操作。

- 在"层级"选项卡的空白处右键单击，选择"3D 对象"▶"平面"。将其命名为 IceWall。这时，一个平面对象会出现在场景中央。移动并缩放它，直到它恰当地放置在摄像机视图与想要透过冰面观察的对象之间，如图 6-4 所示。

图 6-4 创建的 IceWall 对象

- "项目"选项卡中的任意位置右键单击,选择"创建"➤ Shader Graph ➤ URP ➤ "光照 Shader Graph"。
- 右键单击刚刚创建的 Shader Graph 资源并选择"创建"➤ "材质",以创建一个使用该 Shader Graph 的新材质。
- 最后,将材质资源拖放到"场景"视图或"层级"选项卡中的 IceWall 对象上。

完成这些步骤之后,着色器就已经附加到 IceWall 对象的 Mesh Renderer 组件所引用的材质上,准备进行修改了。

6.1.2 修改场景颜色以创建扭曲效果

如前所述,我们将使用屏幕空间扭曲技术,这意味着根据像素的位置和扭曲纹理,来扭曲摄像机渲染的每一帧画面。

因为我们需要访问并修改最新渲染渲染的帧,所以可以确定这是一种后处理效果。如第 2 章中的"后处理效果"一节所述,这类效果可能会影响游戏性能,如果计划将游戏或应用程序发布到移动平台,这一点尤其值得关注。

我们可以使用 Scene Color 节点来获取最新渲染的帧的相关信息。该节点输出摄像机的颜色缓冲区(Color buffer),并需要标准化的屏幕坐标作为 UV 输入(默认模式下的 Screen Position 节点的输出)。

6.1.3 使用冰面纹理修改场景颜色

现在,双击"项目"选项卡中最新创建的 Shader Graph,执行以下操作。
- 首先,在 Graph Inspector 面板的 Graph Settings 选项卡中,将 Surface Type 设置为 Transparent,如图 6-5 所示。因为我们希望能够透过平面看到其他对象,所以必须将其设为透明。
- 在 Shader Graph 编辑器中创建 Scene Color 节点。
- 根据 Unity 文档中的说明,Scene Color 节点接受屏幕位置作为输入。创建一个默认模式下的 Screen Position 节点,并将其输出连接到 Scene Color 节点的输入。
- 将 Scene Color 节点的输出连接到 Fragment 块的 Base Color 输入,如图 6-6 所示。
- 在 Shader Graph 编辑器的左上角单击 Save Asset,然后返回"场景"视图。

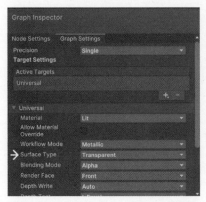
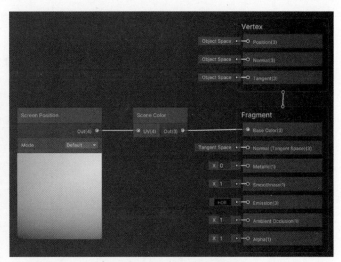

图 6-5 将 Surface Type 设为 Transparent　　图 6-6 在 Shader Graph 编辑器中使用 Scene Color 节点

我们期望看到渲染的帧覆盖在平面上，由于我们尚未对这一帧进行任何修改，所以它应该会让平面看起来是透明的，但正如图 6-7 所示，平面并没有变化，仍然保持着原始外观。

图 6-7 Scene Color 未在"场景"视图中生效

这种情况之所以发生，是因为在默认设置下，我们无法获取场景的颜色（也称"不透明纹理"，原文为 Opaque Texture）。后处理效果需要 GPU 进行大量工作，因此在 URP 中，Unity 默认禁用了此功能。我们需要手动启用它。

第 2 章介绍渲染管线时提到，有一个资源保存了渲染管线的所有设置。要找到该资源，请在顶部菜单栏中选择"编辑 ▶ 项目设置"。在 Project Settings 窗口左侧找到"图形"下拉列表，你会在"可编写脚本的渲染管道设置"部分找到一个引用的可编写脚本的对象，如图 6-8 所示。

图 6-8 渲染管线设置资源

单击选中引用的资源，它将在"项目"选项卡中高亮显示，如图 6-9 所示。

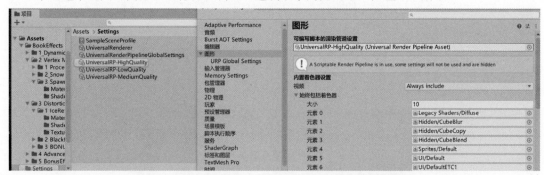

图 6-9 "项目"选项卡中高亮显示着渲染管线设置资源

选中高亮显示的资源，"检查器"选项卡中将显示所有可用的渲染管线设置。现在，选中"不透明纹理"复选框，如图 6-10 所示。

返回"场景"视图，可以看到着色器效果变得正常了，如图 6-11 所示。现在，项目已经可以按需访问"场景"视图最新渲染的帧了。

如果这种效果导致游戏性能显著下降，可以尝试在"不透明下采样"下拉列表中调整摄像机捕获的帧的分辨率，如图 6-12 所示。

图 6-10 启用不透明纹理

图 6-11 不透明纹理

图 6-12 "不透明下采样"下拉列表

"不透明下采样"是一个下拉列表设置，其中包含以下选项。

- 无：不降低帧的分辨率，直接使用原始帧。这是最消耗性能的选项。
- 2×Bilinear：将帧的分辨率减半。
- 4×Box：使用盒式滤波器生成四分之一分辨率的图像。这会产生边缘柔和的模糊效果。
- 4×Bilinear：使用双线性过滤生成四分之一分辨率的图像。

图 6-13 展示了不同选项的效果对比。

我倾向于保留 2×Bilinear 选项不变，因为它在图像质量和性能之间取得了良好的平衡，但你也可以根据具体项目的需求选择最合适的设置。需要注意的是，图像质量越高，对性能的影响也越大。

现在我们已经能够访问和控制摄像机捕捉的帧了，接下来要做的是使用冰面纹理来对这些帧进行扭曲处理。

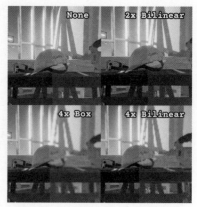

图 6-13 不同的不透明下采样选项的效果对比

6.1.4 使用冰面纹理修改场景颜色

本节将使用冰面纹理来修改输入到 Scene Color 节点的屏幕位置坐标，以产生扭曲效果。

首先，找到一个想要使用的黑白纹理。在本例中，我使用人工智能（AI）创建了一个这样的纹理（图 6-14）。这个资源可以在 Github 存储库中找到，路径为 Assets Book Effects ➤ 3_Distortion ➤ 1_IceRefraction ➤ Textures。

接下来，按照以下步骤在着色器图中使用这个纹理。

- 创建一个 Texture 2D Asset 节点。

图 6-14 由 AI 创建的冰面纹理
（来源：Stable Diffusion）

- 将冰纹理从"项目"选项卡拖放到 Texture 2D Asset 节点的引用框内，从而将纹理资源连接到该节点（图 6-15）。或者，也可以单击 Texture 2D Asset 节点引用框右侧的引用按钮，从中搜索并选择冰面纹理资源。

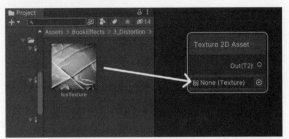

图 6-15 将冰面纹理拖放到引用框内以引用纹理

- 现在，创建一个 Sample 2D Texture 节点。该节点将接收纹理资源和 UV 坐标，输出要绘制的片元颜色。此外，还可以通过相应的输出（R(1)，G(1)，B(1)，A(1)）访问各个颜色分量（红色、绿色、蓝色、透明度），如图 6-16 所示。

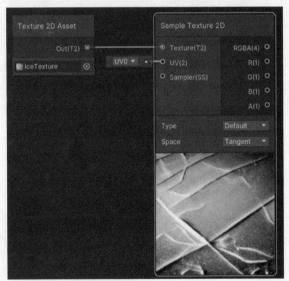

图 6-16 Sample 2D Texture

- 创建一个新的 Lerp 节点，并将 Sample Texture 2D 节点的 R(1) 输出连接至 Lerp 节点的 B(1) 输入。之所以使用 R(1) 输出，是因为它存储了纹理的黑白灰度信息，而这个效果不需要其他颜色通道。

- 将之前创建的 Screen Position 节点的输出连接到新 Lerp 节点的 A(4) 输入。
- 创建一个 Float 输入节点，默认值设为 0.02，并将其作为属性公开。将其命名为 DistortionAmount。
- 正如之前学过的那样，Lerp 节点将在 Screen Position 的值和 Scene Color 节点内的 Sample Texture 值之间进行线性插值。当 DistortionAmount 的值在 0 到 1 之间时，它会将纹理信息与 Screen Position 坐标进行混合，修改 Screen Position 坐标的值。然后，这个值会被 Scene Color 节点读取，基于纹理的细节输出一个折射效果。DistortionAmount 值越接近 1，折射效果越明显。
- 最后，将 Lerp 节点的输出连接到 Scene Color 节点，替换掉原有的连接，如图 6-17 所示。

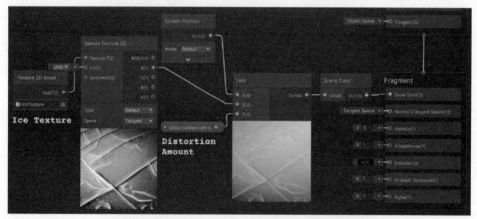

图 6-17 使用 Lerp 节点混合纹理和 Screen Position

保存资源并返回"场景"视图后，可以看到一个非常不错的扭曲效果，如图 6-18 所示。

调整 DistortionAmount 属性的值可以改变冰面纹理与 Screen Position 值的混合程度，从而改变通过平面对象看到的变形效果。如果没有看到图中那样的扭曲效果，请检查 DistortionAmount 属性的值，将它调高一些。

接下来，我们将使用这个纹理添加一些颜色细节，并利用 Color 节点为着色器添加一些色彩，使其看起来更像冰面。

图 6-18 利用平面对象扭曲视图

6.1.5 利用冰面纹理和颜色自定义着色器

扭曲效果的表现很不错，但为了模拟更逼真的冰面，我们希望突出显示纹理中冰面的裂痕。为此，需要将黑白冰面纹理与一个 Float 值相乘，从而控制着色器展示多少纹理细节，随后，相乘后的结果将被添加到 Base Color 中。现在，请执行以下操作。

- 创建一个 Multiply 节点，将 Sample 2D Texture 节点的 R(1) 输出连接到 A(1) 输入。创建一个默认值为 0.25 的 Float Input 节点，并将其连接到刚创建的 Multiply 节点的 B(2) 输入。将该 Float Input 节点作为属性暴露出来。我将其命名为 TextureBlend，如图 6-19 所示。

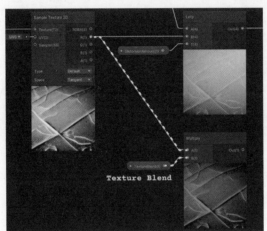

图 6-19 TextureBlend 属性和 Multiply 节点

该属性将控制最终的颜色会显示多少纹理细节。

- 接下来，创建一个 Add 节点，将 Scene Color 节点的输出连接到 Add 节点的 A(3) 输入，将之前创建的 Multiply 节点的输出连接到 Add 节点的 B(3) 输入。Scene Color 节点将输出平面的颜色，我们可以在此基础上添加纹理细节，从而将纹理颜色和扭曲效果结合起来。
- 将 Add 节点的输出连接到 Main Stack 中 Fragment 块的 Base Color 输入，如图 6-20 所示。
- 保存资源并返回"场景"视图，查看平面对象上冰面纹理的细节。如图 6-21 所示，平面上增加了纹理颜色，实现了很精细的冰面效果，其中的裂纹清晰可见。

若想改变纹理的颜色，创建一个新的 Multiply 节点，并将其 A(3) 输入连接到一个名为 TextureColor 的 Color Input 节点。

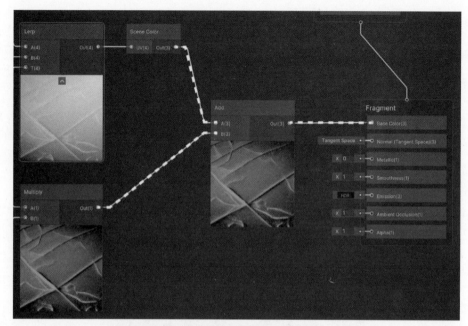

图 6-20 将纹理细节添加到最终颜色中

和之前的效果一样,现在,我们可以将 Add 节点的输出与所需要的颜色相乘,通过 Multiply 节点生成带颜色的结果,具体步骤如下。

- 将最新创建的 Add 节点输出连接到 Multiply 节点的 B(3) 输入。
- 最后,将 Multiply 节点的输出连接到 Fragment 块的 Base Color 输入,如图 6-22 所示。

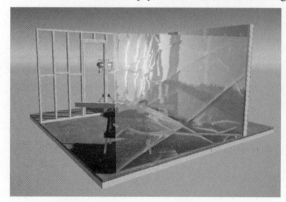

图 6-21 最终颜色上显示的纹理细节

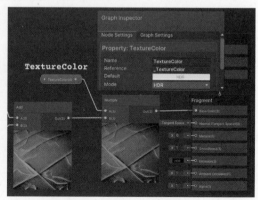

图 6-22 将颜色应用到纹理细节上

- 保存资源后，切换到"场景"视图，查看最终效果。可以看到，纹理细节上呈现出了冰的颜色（图 6-23）。可以尝试调整不同的属性值和纹理，实现截然不同的效果。

下一节将复现一个极具特色的效果，模拟黑洞的奇点周围产生的空间扭曲。为了实现这种效果，我们将学习如何使用 Twirl 节点创建自定义的程序性螺旋纹理。

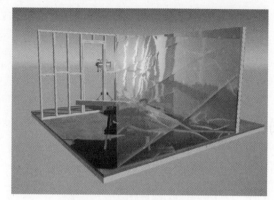

图 6-23 最终的冰面折射效果

6.2 黑洞扭曲效果

第 5 章中，我们在创建吸入效果时探讨过黑洞的巨大力量。黑洞的引力极强，能够吞噬一切物质，甚至连光都无法逃脱。这就是为什么我们无法直接观测到黑洞的中心。但是，我们可以看到黑洞周围的空间被完全扭曲，螺旋式地被拖向奇点中心。

图 6-24 展示了美国国家航空航天局（NASA）模拟的一个位于星系中心的超大质量黑洞（supermassive black hole）。由于没有光能够逃离黑洞，所以在图像中，只能看到黑洞中心有一个黑色的圆。黑洞的引力作用在周围空间上，造成了边缘的螺旋形扭曲，这就是我们想要复现的效果。

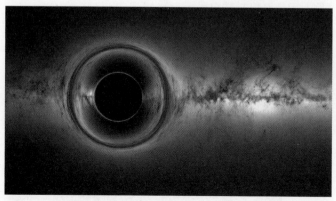

图 6-24 位于高度密集星系中心的黑洞（来源：NASA GSFC）

本节将实用两个对象来生成一个更加复杂的效果,一个是代表黑洞的黑色球形轮廓,另一个是用于产生黑洞周围空间扭曲效果的平面。我们将执行以下操作。

- 创建黑洞的中心。
- 使用粒子系统实现广告牌效果。
- 使用 Twirl 节点创建螺旋纹理。
- 更改场景的颜色。
- 为螺旋纹理添加遮罩。
- 为螺旋纹理添加动态旋转。

6.2.1 创建黑洞中心

完整的黑洞效果相当复杂,需要多个对象和不同的着色器协同工作。首先要创建的是黑洞的中心,它的着色器是最简单的。现在,先来在场景中完成各种准备工作,步骤如下。

- 在"项目"选项卡中的任意位置单击鼠标右键,选择"创建"▶ Shader Graph ▶ URP ▶"无光照 Shader Graph"。将其命名为 BlackHoleCenter。之所以使用无光照着色器,是因为黑洞吞噬了所有光线,使得其表面不反射或折射光线,这就是为什么在 NASA 的参考图像中,它看上去像是个 2D 的黑色轮廓。
- 右键单击刚刚创建的 Shader Graph 资源并选择"创建"▶"材质",以创建一个使用该 Shader Graph 的新材质。
- 最后,在"层级"选项卡中的空白处单击鼠标右键,选择"3D 对象"▶"球体",在场景中创建一个球体。将刚刚创建的材质资源拖放到"场景"视图或"层级"选项卡中的球体对象上,从而将材质应用到它的 Mesh Renderer 组件上。
- 将球体的缩放比例调整为(0.2,0.2,0.2),以便在模板场景中更好地展示,如图 6-25 所示。

图 6-25 "场景"视图中的无光照球体

现在，为了创建带有发光边缘的黑洞效果，我们将使用菲涅尔效果并为它添加一些亮眼的颜色，具体步骤如下。

- 双击 BlackHoleCenter 资源，以打开 Shader Graph 编辑器。
- 在 Shader Graph 编辑器中创建一个 Fresnel Effect 节点，将其 Power(1) 输入的默认值设为 8。
- 然后，创建一个 HDR 模式的 Color 输入节点，将其默认值设为（R = 191, G = 37, B = 0, A = 255），强度值设为 3。
- 创建一个 Multiply 节点，并将 Fresnel Effect 节点的输出和 Color Input 节点连接到该节点。
- 最后，将 Multiply 节点的输出连接到 Fragment 块的 Base Color 输入，如图 6-26 所示。

Fresnel Effect 节点会为黑色球体创建一个白色边缘，模拟图 6-24 中的黑洞边缘。通过将 Color Input 节点与 Multiply 节点相结合，可以为 Fresnel Effect 定义的渐变赋予颜色。可以根据个人喜好选择任意颜色。

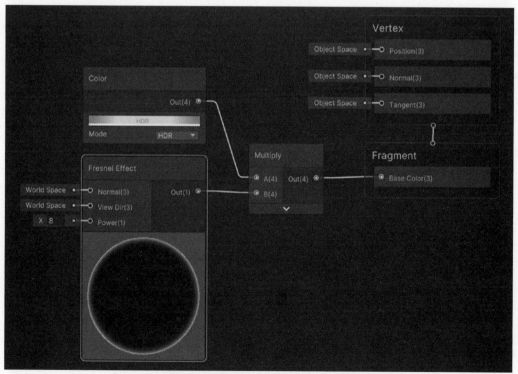

图 6-26 模拟黑洞中心的 Shader Graph

保存资源并返回"场景"视图,查看结果,如图 6-27 所示。

图 6-27 黑洞中心效果

黑洞中心效果到这里就告一段落了。接下来,我们将使用上一节中使用的场景颜色修改技术,创建一个扭曲效果。

6.2.2 使用粒子系统实现广告牌效果

实际上,我们可以像冰面效果那样,创建一个平面对象作为黑洞中心的子对象,并对其应用扭曲着色器。但是,在围着黑洞移动摄像机时,会发现 2D 平面的边缘,这与黑洞应有的球形效果不符,如图 6-28 所示。

图 6-28 应用在平面对象上的扭曲效果

为了模拟黑洞产生的三维扭曲效果，我们要用到"广告牌"技术。广告牌是电子游戏中的一种常用的视觉技术，它会让对象始终朝向摄像机，让玩家觉得对象是立体的。这种技术通常用于渲染那些完全以 3D 呈现会消耗大量计算资源的物体，例如树木、植被或远景。

Unity 提供了 Particle System（粒子系统）组件，它默认应用了这种渲染技术。我们将利用该组件来创建三位扭曲效果，具体步骤如下：

- 右键单击 BlackHoleCenter 游戏对象，选择"效果"➤"粒子系统"，创建一个 Particle System 组件作为黑洞中心对象的子对象。
- 在"层级"选项卡中选择该对象时，就会看到一些默认粒子开始从黑洞向摄像机移动，如图 6-29 所示。

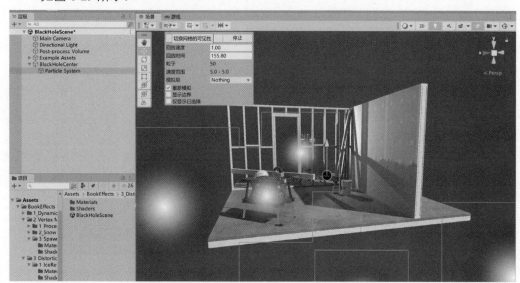

图 6-29 默认粒子系统

选中 Particle System 对象后，就可以在"检查器"选项卡中看到 Particle System 组件，这里可以更改与发射粒子相关的各种设置（移动速度、生命周期、大小、旋转、移动方向等）。我们将更改 Particle System 组件中的一些参数，以模拟一个始终面向摄像机的静态四边形，具体步骤如下。

- 将"持续时间"改为 1。这个值以秒为单位，决定了子系统的持续时间。
- 勾选中"预热"复选框。这将预先计算粒子，以便在启动场景时，粒子就处于激活状态；否则，可能会在游戏开始时看到四边形闪烁一下。

- 将"起始生命周期"设为 1。这将使粒子的生命周期与粒子系统的持续时间相同。如此一来,粒子将不会反复地消失和重新出现,而是像一个静止不动的四边形。
- 将起始速度设为 0。,以使粒子保持静止,固定在发射区域内,如图 6-30 所示。

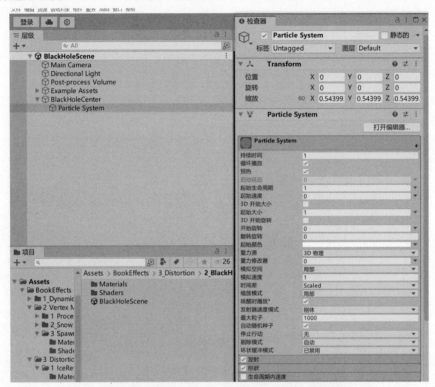

图 6-30 更改 Particle System 组件中的主模块

- 现在,左键单击"发射"一栏以展开它,确保勾选中了它左侧的复选框。
- 将"随单位时间产生的粒子数"从 10 改为 1(图 6-31)。这将使粒子系统每秒发射 1 个粒子。这样一来,每当一个粒子消失,就会立即有新的粒子在同一位置出现。

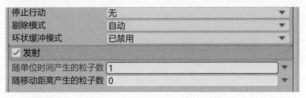

图 6-31 将随单位时间产生的粒子数从 10 改为 1

- 可以看到，粒子沿锥形路径逐个生成。为了将其更改为从单个点发射，请展开发射模块下方的"形状"一栏。
- 将形状下拉菜单的值改为"边缘"。
- 最后，将 Radius（半径）值改为 0。尽管它会四舍五入到 0.0001，但实际上这与 0 无异（图 6-32）。这确保了所有粒子每次都在完全相同的位置生成。

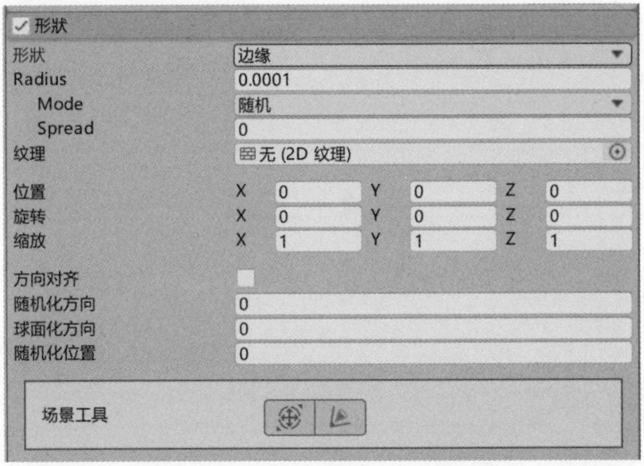

图 6-32 发射形状设为"边缘"，半径值设为 0.0001

现在，"场景"视图的效果应与图 6-33 类似，其中，我们创建了一个始终面向摄像机的平面。

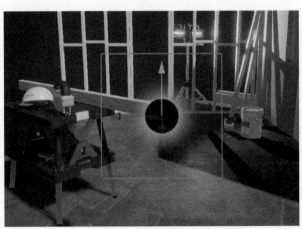

图 6-33 广告牌式平面上的粒子系统

■ 说明：粒子系统中的粒子并不总在编辑器中显示。若想查看粒子效果，请确保在该层级中选中 Particle System 游戏对象，或者单击"播放"按钮开始游戏，以查看粒子动画，同时确保在 Particle System 组件中勾选"唤醒时播放"复选框。

Particle System 组件最底部的"渲染器"一栏中有一个默认的粒子材质，如图 6-34 所示。

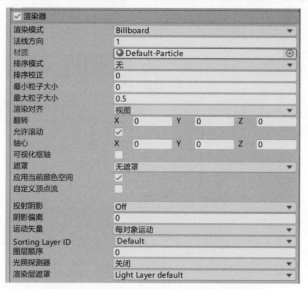

图 6-34 Renderer 模块中的默认粒子材质

我们将用一个全新的材质替换它，以应用扭曲效果，具体步骤如下。

- 在"项目"选项卡中的任意位置右键单击，选择"创建"▶ Shader Graph ▶ URP ▶ "无光照 Shader Graph"。将其命名为 BlackHoleDistortion。由于目标是实现一个纯粹的扭曲效果，并不涉及光线与扭曲面板的交互，因此不需要考虑阴影或反射。
- 右键单击该 Shader Graph 资源，选择"创建"▶"材质"，以创建相应的材质。
- 将材质资源从"项目"选项卡拖放到"层级"选项卡或"场景"视图中的 Particle System 游戏对象上，从而将其应用到 Particle System 的渲染器模块上。

完成这些步骤后，初期的准备工作就告一段落了，现在的"场景"视图应该与图 6-35 一致。接下来，我们就可以开始着手创建用于扭曲场景颜色的螺旋纹理了。

图 6-35 粒子系统中加载了自定义的无光照材质

6.2.3 使用 Twirl 节点创建螺旋纹理

Twirl 节点（图 6-36）是一种用于修改 UV（即纹理坐标）的节点类型，它会根据节点中其他输入值生成一个螺旋模式，并将输入的 UV 或纹理坐标按照这个螺旋模式进行变形，然后将输出结果。节点中的输入如下。

- Center：螺旋的中心，默认值为（0, 0）。
- Strength：一个浮点数，决定了螺旋有多少圈，默认值为 10。
- Offset：x 坐标和 y 坐标的偏移量，默认值为（0, 0）。

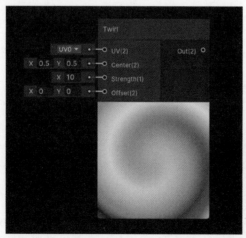

图 6-36 默认的 Twirl 节点

现在，在新的 Shader Graph 中制作螺旋纹理。双击刚刚创建的 BlackHoleDistortion 资源，后者将用于创建扭曲效果。在 Shader Graph 编辑器中执行以下操作。

- 创建一个 Twirl 节点，然后创建一个新的 Float 输入节点，将其连接到 Twirl 节点的 Strength(1) 输入。
- 将 Float 输入节点的默认值设为 25，并作为名为 TwirlScale 的属性公开，如图 6-37 所示。

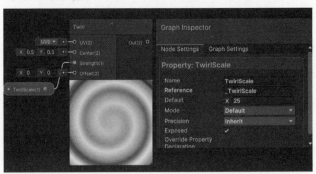

图 6-37 修改后的 Twirl 节点强度

- 现在，为了创建与黑洞相称的噪声螺旋纹理，创建一个 Simple Noise 节点，并将 Twirl 节点的输出连接到 Simple Noise 节点的 UV(2) 输入。
- 创建一个 Float 输入节点，将默认值设为 10，并将其连接到 Simple Noise 节点的 Scale(1) 输入。可以将 Float 节点命名为 NoiseScale，并作为属性公开。
- 然后，将 Simple Noise 节点的输出连接到 Fragment 块的 Base Color 输入，以便在场景中查看扭曲纹理的效果。

保存资源并返回"场景"视图，可以看到，我们已经在 Particle System 对象上成功创建了纹理，如图 6-38 所示。

图 6-38 粒子表面显示的螺旋纹理

下一节将使用显示的纹理来扭曲场景颜色，方式与之前的冰面纹理效果类似。

6.2.4 使用螺旋纹理修改场景颜色

请按以下步骤操作。

- 首先，请确保勾选了渲染管线设置资源中的"不透明纹理"复选框（图 6-39）。如果不启用这一设置，效果将无法正常工作，不会展示任何扭曲效果。因此，就像上一个效果的"准备工作"一节那样，我们需要启用不透明纹理。

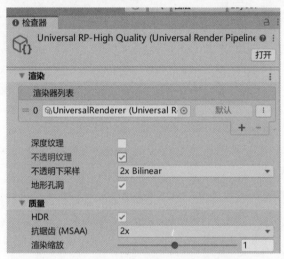

图 6-39 在渲染管线设置中启用不透明纹理

- 回到 BlackHoleDistortion 的 Shader Graph 编辑器，在 Graph Inspector 面板中将 Surface Type 设为 Transparent，就像在前一个着色器效果中所做的那样。
- 新建一个 Screen Position 节点和一个 Add 节点。
- 将之前创建的 Simple Noise 节点的输出连接到 Add 节点的 B(1) 输入，将 Screen Position 节点的输出连接到 Add 节点的 A(1) 输入。

在 Shader Graph 中，使用 Add 节点将 ScreenPosition 节点的输出与黑白纹理相加时，本质上是在将屏幕上每个像素的位置信息与纹理的灰度值相结合。这会导致 Screen Position 组件根据纹理细节发生变形；在本例中，它会根据带有噪声的螺旋模式发生变形。图 6-40 中的 Add 节点预览图清楚地展示了这种交互的视觉效果。

可以试着使用 Subtract 节点、Multiply 节点或 Divide 节点来改变屏幕坐标和纹理的相互作用方式，从而创造不同的视觉效果。

创建一个 Scene Color 节点，将 Add 节点的输出连接到 Scene Color 节点的输入，并将 Scene Color 节点的输出连接到 Fragment 块的 Base Color 输入，如图 6-40 所示。

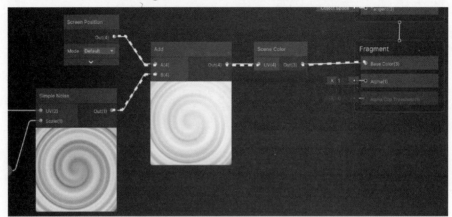

图 6-40 使用螺旋纹理修改场景颜色

保存资源后，返回"场景"视图，看看纹理现在是如何根据螺旋扭曲效果扭曲粒子平面后方的视图的，如图 6-41 所示。

图 6-41 螺旋纹理使粒子平面后方的视图发生变形

如果仔细观察粒子平面的边缘（图 6-42），会发现扭曲的视图与未扭曲的视图之间存在一道明显的边界线，导致效果很不自然。

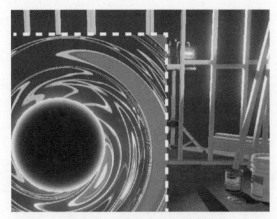

图 6-42 扭曲效果的生硬边缘

为了避免这种生硬的过渡,我们将创建一个圆形渐变遮罩,以使扭曲与非扭曲视图之间的过渡更加平滑和自然。

6.2.5 为螺旋纹理创建遮罩

创建圆形渐变纹理的方法有很多。这里将介绍一种使用 Distance 节点的方法,步骤如下。

- 在 BlackHoleDistortion 的 Shader Graph 编辑器中创建一个 UV 节点以获取纹理坐标。
- 创建一个默认值为(0.5,0.5)的 Vector2 输入节点。
- 然后,创建一个 Distance 节点,将 UV 节点的输出连接到 Distance 节点的 A(2) 输入,将 Vector2 输入节点连接到 Distance 节点的 B(2) 输入,如图 6-43 所示。

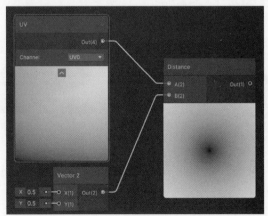

图 6-43 使用 Distance 节点生成深色渐变点

Distance 节点将根据 UV 坐标值与纹理中心（0.5,0.5）之间的距离，显示介于 0 和 1 之间的数值。从而生成从纹理中心到边缘由暗到亮的渐变效果。

现在，将 Distance 节点的输出连接到一个新的 One Minus 节点，One Minus 节点在我们需要反转纹理值时非常有用。在本例中，因为目标是隐藏平面的外围部分，所以需要反转 Distance 节点的纹理，以便生成一个从白色中心渐变到黑色外围的圆。

将 One Minus 节点的输出连接到一个新的 SmoothStep 节点，并将 Edge(1) 的默认值设为 0.5，Edge(2) 的默认值设为 1.2，如图 6-44 所示。

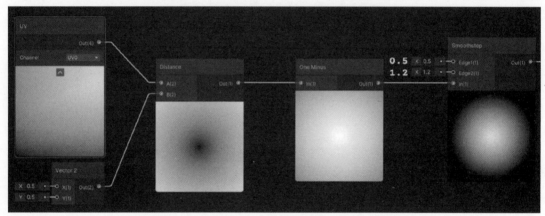

图 6-44 使用 Distance 节点创建的渐变圆形遮罩

SmoothStep 节点将调整遮罩的半径和强度，这意味着我们可以控制扭曲效果在平面上的范围和强度。这些参数可以根据需要自由调整，但要确保纹理的最外围是纯黑色的，以隐藏粒子平面的边缘。

最后，为了将遮罩应用到螺旋纹理上，创建一个 Multiply 节点，将其 B(1) 输入连接到之前创建的 SmoothStep 节点输出，将 A(1) 输入连接到之前创建的 Simple Noise 节点的输出。

Multiply 节点会将遮罩纹理（B 输入）与螺旋纹理（A 输入）的对应像素值相乘。这样，遮罩纹理中白色（值为 1）的区域将保留基础纹理，而黑色（值为 0）的区域将变得透明或被隐藏。此外，由于遮罩的可见部分的透明度小于 1，调整基础螺旋纹理透过遮罩显示的程度可以使效果更加自然。

现在，将刚刚创建的 Multiply 节点的输出连接到先前连接了 Screen Position 节点输出的 Add 节点的输入，如图 6-45 所示。

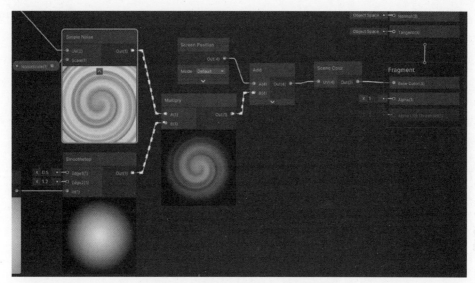

图 6-45 将圆形遮罩应用于螺旋纹理

成功将遮罩应用到螺旋纹理上之后。保存 Shader Graph 资源,并在"场景"视图中查看它的效果,如图 6-46 所示。

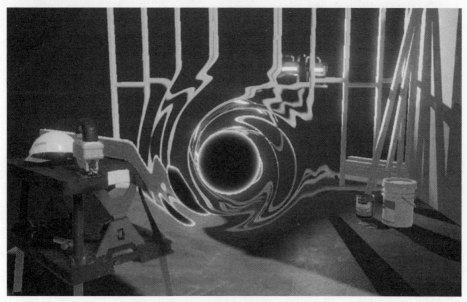

图 6-46 应用遮罩后黑洞周围的扭曲效果

完成这些修改后，扭曲效果的边缘自然了很多，并且它在越靠近黑洞中心的位置就越明显，显得很逼真，这要归功于 Distance 节点和 One Minus 节点。不过，为了更加贴近现实，还有一件事亟待处理。在现实中，黑洞会产生动态轨道。因此，螺旋效果应该持续旋转。

6.2.6 为螺旋纹理添加动态旋转

为了给螺旋纹理添加持续的旋转效果，需要在 Twirl 节点的左侧创建一些节点，使其 UV 坐标随时间变化，如下所示。

- 创建一个 Time 节点和一个新的 Multiply 节点。
- 将 Time 节点的 Time(1) 输出连接到新创建的 Multiply 节点的 A(1) 输入。
- 创建一个 Float 输入节点，将默认值设为 1.75，并将其连接到 Multiply 节点的 B(1) 输入。将 Float 输入节点作为属性公开，命名为 RotationSpeed。
- 创建一个 Rotate 节点，将刚刚创建的 Multiply 节点的输出连接到 Rotate 节点的 Rotation(1) 输入，如图 6-47 所示。

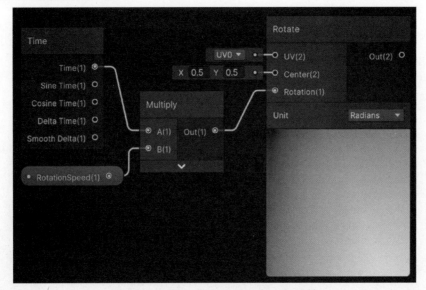

图 6-47 使用 Rotate 节点实现恒定的旋转

Rotate 节点会根据 Rotation 输入的值，围绕由 Center 输入确定的轴旋转 UV 坐标。将 Center 输入保持为（0.5,0.5），表示纹理的中心。最后，将 Rotate 节点的输出连接到 Twirl 节点的 UV(2) 输入，如图 6-48 所示。

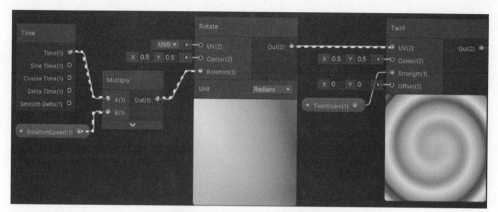

图 6-48 旋转 Twirl 节点的 UV

与之前的做法相似,我们使用 Time 节点生成一个持续递增的变量,将其传递到 Rotate 节点的 Rotation 输入,从而在 Twirl 节点中生成恒定的旋转。这将转化为一个持续不断(且催眠效果极佳)的螺旋纹理。

保存 Shader Graph 资源并单击 "播放" 按钮后,就可以看到扭曲效果正围绕着黑洞中心不断旋转,就像真实的黑洞那样,如图 6-49 所示。

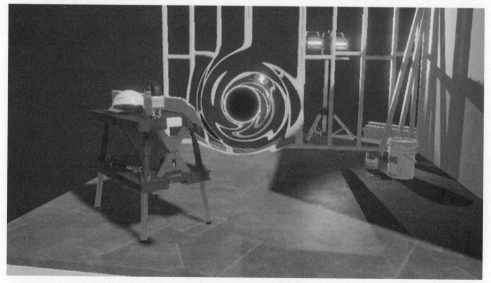

图 6-49 最终的黑洞效果

如果调整公开属性,可以创造出不同类型的黑洞扭曲效果。

6.3 小结

本章深入探讨 Scene Color 节点的强大功能，它允许我们访问并修改屏幕上渲染帧的颜色缓冲区，创建令人惊叹的扭曲效果，让游戏看起来更加精致和逼真。但需要注意的是，这种后处理资源会为游戏运行的设备性能带来一定的负担。

到目前为止，我们创建了许多出色的效果，并通过 Shader Graph 学习了 Fragment 和 Vertex 着色器的原理。我们掌握了各种可用工具，其中还包括高级后处理技术，比如泛光效果和不透明纹理。在下一章中，我们将运用新知识和已有技能，制作可以用在 3A 游戏或手游上使用的卓越、高端、具有专业水准的着色器。

第 7 章 高级着色器

我们已经深入探索了着色器编程的奇妙世界，研究了提升 Unity 项目的视觉效果和真实感的各种技术。在本章中，我们将进一步拓展自己的知识边界，打造两种吸引眼球的着色器效果：卡通风格的水着色器和逼真的气泡着色器。它们的特性简要概述如下。

- 卡通风格的水：首先，本章将探索如何创建卡通风格的水。我们将学习如何通过风格化渲染的原理，结合场景深度等高级技术，创建亮丽的水体效果，完美体现动画世界的精髓。此外，我们还会学习如何利用 SubGraph（子图）技术来在不同的 Shader Graph 中服用节点计算，以提高工作效率。
- 气泡粒子：接下来，我们将探索如何创造逼真的气泡粒子。气泡本身就具有独特的魅力，可以为场景增添一丝幻想色彩。我们将学习如何利用多种属性，比如模拟金属光泽、利用边缘颜色来模拟气泡的色彩，以及应用虹彩噪声动态纹理等，来创建逼真的气泡。

通过结合使用 Shader Graph 的各种功能，比如噪声函数、颜色渐变、纹理映射和 Unity 默认的粒子系统，我们将能够创建出动态、透明且栩栩如生的气泡着色器。

7.1 卡通风格的水着色器

水在游戏和动画作品中极为常见，而为水实现风格化的卡通外观，可以为项目带来别样的视觉吸引力，如图 7-1 所示。

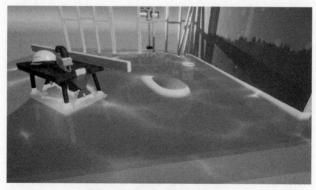

图 7-1 卡通风格的水着色器

我们将使用 Voronoi Noise 节点创建风格化的水波光影，并使用 Scene Depth 访问深度缓冲区信息，以检测场景中靠近水面的对象，从而产生泡沫效果。我们将执行以下操作。

- 完成准备工作。
- 使用 Scene Depth 节点访问深度缓冲区以生成泡沫。
- 创建水波光影。
- 通过 SubGraph 来复用节点组。
- 使用径向剪切（radial shear）添加径向变形。[①]
- 为 Voronoi 效果添加动态变化。
- 添加额外的光斑层。
- 为水面光斑纹理添加颜色。
- 使水面的顶点变形。

7.1.1 准备工作

遵循本书的常规流程，使用第 3 章介绍的模板项目 3D Sample Scene (URP) 来创建新场景。接着，创建一个 3D 平面并根据需要将其放置在场景中的恰当位置。这个平面未来将被用作水。具体创建步骤如下。

- 在"层级"选项卡的空白处单击鼠标右键，选择"3D 对象"▶"平面"。场景中将生成一个新的 3D 平面对象。将其命名为 WaterObject。
- 将 Transform 组件中的位置设为 (1.82,0.4,0)，将缩放设为 (0.5,0.5,0.5)，如图 7-2 所示。创建平面对象后，接下来要创建的是用于实现视觉效果的 Shader Graph。在"项目"选项卡中的任意空白处单击鼠标右键，选择"创建"▶ Shader Graph ▶ URP ▶ "无光照 Shader Graph"，将新创建的 Shader Graph 资源命名为 WaterCartoon。

之所以选择无光照着色器，是因为风格化或卡通效果不需要与光照交互。我们将使用程序性的光斑纹理来模拟光线反射，具体步骤如下。

- 在"项目"选项卡中右键单击 Shader Graph 资源，并选择"创建"▶"材质"。这样就会得到一个引用了 WaterCartoon 着色器的材质。
- 将材质资源拖放到"层级"选项卡或"场景"视图中的 WaterObject 游戏对象，以将材质应用到后者的 MeshRenderer 组件上。

---

① 译注：径向剪切是一种使对象表面沿着从中心点向外辐射的方向发生形变的技术。这种变形可以模拟对象因受到压力或动力而产生的扭曲或伸展，适合用来模拟水面波纹和布料的褶皱等。

图7-2 场景中的 WaterObject 平面对象

为了清晰地展示下一节的内容，我还创建了一个胶囊对象，具体方法是在"层级"选项卡中右键单击并从弹出的快捷菜单中选择"3D 对象"➤"胶囊"。如下更改其 Transform 组件：

- 位置：（1.5,0.1,0.5）
- 旋转：（8,-35,0）
- 缩放：（0.65,0.65,0.65）

7.1.2 访问深度缓冲区以使用 Scene Depth 节点创建泡沫

如果仔细观察图 7-1，可以清楚地看到水面与场景中的其他对象发生了交互。在水面与这些对象的交界处，出现了白色的泡沫渐变效果，如图 7-3 所示。

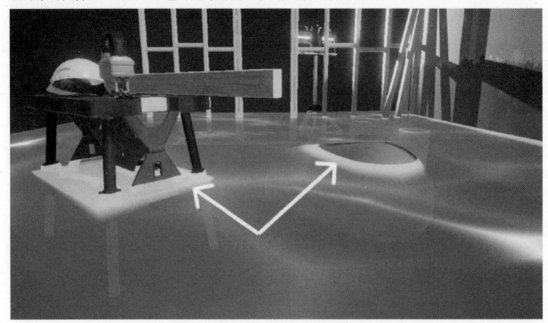

图 7-3 水面的泡沫渐变效果

那么，着色器如何访问场景中其他对象的位置？如何获取水面下方的游戏对象的信息？哪个节点能提供场景中的深度信息？

7.1.2.1 Scene Depth 节点

为了检测场景中的对象与水面的交互，需要用到 Scene Depth 节点（图 7-4）。这个特殊的节点可以访问场景中特定像素的深度信息，允许我们获取摄像机与当前正在着色的像素之间的距离。深度缓冲区是一个中间缓冲区，存储场景中对象与摄像机之间的距离信息。深度缓冲区也被称为 z-buffer，在渲染过程中通常用于处理与深度相关的计算和效果。

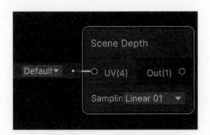

图 7-4 Scene Depth 节点

Scene Depth 节点提高以下几种主要模式，可以在 Scene Depth 节点的下拉菜单中选择。

- Linear 0-1：在此模式下，Scene Depth 节点会输出归一化的深度值，范围在 0 到 1 之间，其中，0 表示离摄像机最近的对象，1 表示离摄像机最远的对象。
- Raw：该模式输出未经过任何修改或转换的原始深度值，表示对象到摄像机的绝对距离。
- Eye：该模式提供相对于摄像机视觉空间（Eye Space）的深度值，它考虑到了摄像机的位置、朝向和视野。在需要根据视觉空间的深度进行计算时，这种模式非常有用。

本例将使用 Eye 模式，因为它能更真实地呈现水的深度与摄像机位置和朝向之间的关系。

请注意，访问摄像机的深度缓冲区对性能的影响较大，渲染工作的负载可能会导致 GPU 性能下降，因此，请尽量避免过度使用此功能，在移动端游戏中尤其如此。出于上述原因，URP 默认禁用了这个工具。要启用它，需要打开 URP 设置资源的"检查器"，在第 6 章中，我们在这里启用过"不透明材质"。现在，选择"编辑"▶"项目设置"▶"图形"▶"可编写脚本的渲染管道设置"。单击其中引用的资源，以在"项目"选项卡中将它高亮显示。选择高亮显示的资源，在"检查器"选项卡中勾选"深度纹理"复选框，如图 7-5 所示。

图 7-5 在 URP 设置资源中启用深度纹理

图 7-6 展示了摄像机输出的深度缓冲区。它将对象的深度信息映射到从 0（更近）到 1（更远）的范围内。这张图展示了访问深度缓冲区时，摄像机计算出的结果。

图 7-6 场景深度

双击"项目"选项卡中的 WaterCartoon 着色器以打开它。然后，在 Shader Graph 编辑器中执行以下操作。

- 首先也是最重要的，由于需要能够看到水下的对象，并需要通过 WaterObject 访问这些对象的信息，材质必须是透明的。在 Graph Inspector 面板中打开 Graph Settings 选项卡，将 Surface Type 设置为 Transparent。
- 创建一个 Screen Position 节点，并将其模式设置为 Raw。
- 拖动 Screen Position 节点的输出，创建一个 Split 节点。
- 然后，创建一个 Subtract 节点，将 Scene Depth 节点的输出连接到 Subtract 节点的 A(1) 输入，将 Split 节点的 A(1) 输出连接到 Subtract 节点的 B(2) 输入，如图 7-7 所示。
- 最后，创建一个 Saturate 节点，将 Subtract 节点的输出连接到 Saturate 节点的输入，再将 Saturate 节点的输出连接到 Fragment 块的 Base Color 输入。

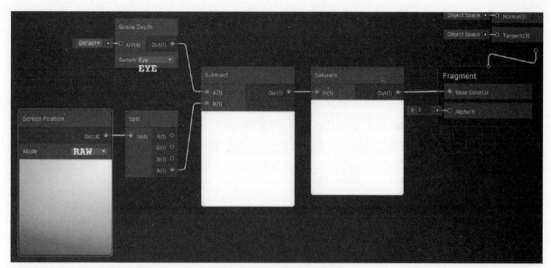

图 7-7 Scene Depth 节点

保存 Shader Graph 资源并返回"场景"视图后,可以看到与平面相交的对象周围出现了一个黑色渐变,随着深度的增加,渐变效果逐渐消失,如图 7-8 所示。

图 7-8 黑色渐变表示平面下的对象

通过这些计算，我们建立了 Scene Depth 节点的深度信息和屏幕坐标裁剪空间位置之间的关系，这些坐标位于我们通过 Split 节点 A(1) 输出访问的向量的最后一个分量中。

Scene Depth 节点能够记录哪些像素离摄像机近，哪些离摄像机远。我们利用 Screen Position 节点的裁剪空间，将深度信息应用到平面对象上，并将其设置为创建深度纹理的参考对象。这种关系通过 Subtract 节点建立。与平面较近的物体像素（较浅）显示为黑色，而距离平面较远的像素（较深）则显示为白色。

这些类型的计算通常通过 Subtract 节点处理，通常会输出小于 0 或大于 1 的值，在访问并显示颜色信息时，会产生显示故障。为了避免这种情况，我们创建了 Saturate 节点，以确保输出值始终在 0 和 1 之间。

7.1.2.2 使用 Divide 节点控制深度渐变

接下来，我们想控制深度渐变的强度；换句话说，深度阈值将控制有多少物体将在平面下被表示。为此，请按照以下步骤操作。

- 在 Subtract 节点和 Saturate 节点之间创建一个新的 Divide 节点。
- 创建一个新的 Float 输入节点，将其初始值设为 0.3，命名为 Depth，并作为属性公开。
- 将 Subtract 节点的输出连接到 Divide 节点的 A(1) 输入，并将 Float Input 节点 Depth 连接到 Divide 节点的 B(1) 输入。Depth 属性的值决定了我们检测水面下游戏对象的深度。
- 最后，将 Divide 节点的输出连接到 Saturate 节点的输入，Saturate 节点的输出仍然连接到 Fragment 块的 Base Color 输入端，如图 7-9 所示。

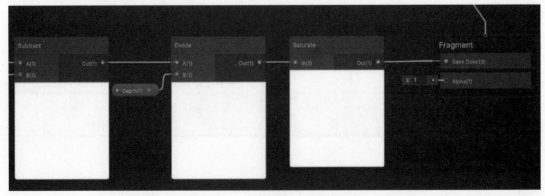

图 7-9 使用除法节点控制深度属性

如果 Depth 属性的值大于 1，Divide 节点将增加渐变的范围，检测到 WaterObject 平面下更深的部分；而如果 Depth 值小于 1，则只会检测到最靠近平面的像素。图 7-10 展示了这两种情况的对比。可以根据需要调整 WaterObject 对象的高度和 Depth 值，以实现不同的视觉效果。

图 7-10 不同的 Depth 属性值

最后要做的是反转黑白值，因为这个渐变应该在水下对象的边缘形成图 7-1 那样的白色泡沫效果。

和之前一样，我们将使用 One Minus 节点反转 Saturate 节点的输出，操作步骤如下。
- 创建一个 One Minus 节点，将其输入连接到之前创建的 Saturate 节点输出端。
- 将 One Minus 节点的输出连接到 Fragment 块的 Base Color 输入端，如图 7-11 所示。

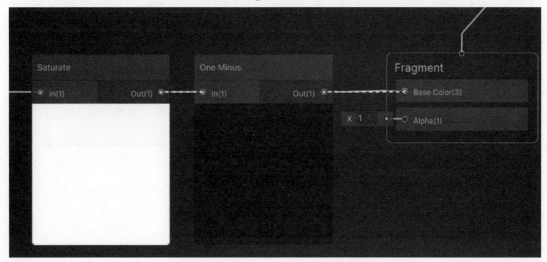

图 7-11 使用 One Minus 节点反转渐变

One Minus 节点会反转 Saturate 节点输出的值，从而将黑色渐变转换为白色渐变。这样的视觉效果更接近于图 7-1 中的泡沫状边缘。保存 WaterCartoon 资源，并返回"场景"视图查看结果，如图 7-12 所示。

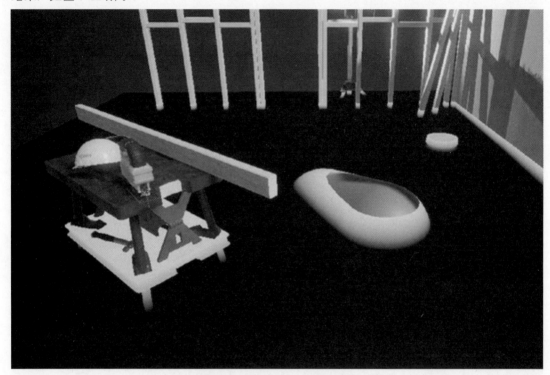

图 7-12 泡沫状边缘渐变效果

下一节将研究水体焦散（water caustic，光从水折射和反射时出现的光的模式）现象，并学习如何通过 Voronoi Noise 节点复制这一效果。最终，我们会将这一纹理添加到本节创建的泡沫渐变中，做出漂亮的卡通水体效果。

7.1.3 创建水波光影

水波光影指的是当光线与水面发生相互作用时，由于折射和反射而形成的光影图案。当光线穿过水面或从水面上反射时，由于水的折射率不同，光线的方向会发生变化。这种光线的弯折在周围的表面上形成了复杂而动态的光影，如图 7-13 所示。

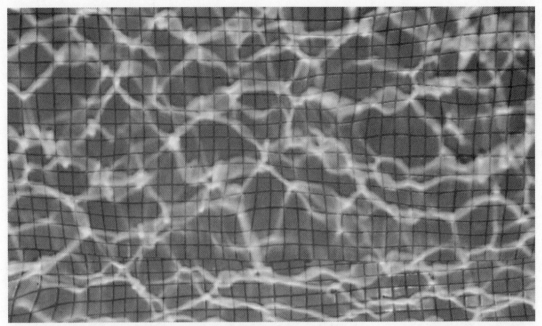

图 7-13 现实生活中的水波光影

这些图案是在水面几何形状、光线入射角度以及水的折射特性之间的复杂相互作用下产生的。实现一个完全符合物理规律的光斑效果需要进行极其复杂的设置,考虑到对性能的影响,这种做法在电子游戏(尤其是移动端游戏)中效益极低。因此,我们将使用 Voronoi Noise 节点来制作一个简单但依然美观的替代方案。

7.1.3.1 使用 Voronoi Noise 节点

第 3 章介绍程序噪声节点时讲过 Voronoi Noise 节点。Voronoi 噪声(或称 Worley 噪声)是一种程序性噪声,它通过将空间划分为单元或区域来生成图案。每个单元代表一个称为种子(seed)或特征点(feature point)的唯一点,任意位置的噪声值都由它到最近的种子的距离来决定。

这种模式在图形计算中常用于生成自然纹理,比如细胞、肌肉组织、昆虫纹理,当然还有水波效果。

现在,按以下步骤在 Shader Graph 中使用这个节点。

- 打开 WaterCartoon Shader Graph,并创建一个 Voronoi Noise 节点。
- 创建一个 Float 输入节点,将默认值设为 8.5,并将其作为名为 RipplesDensity 的属性公开。

- 将 RipplesDensity 属性的输出连接到 Voronoi Noise 节点的 CellDensity(1) 输入。请注意，所有与水波光影相关的计算将添加到在同一个 Shader 中实现的泡沫边缘效果的计算中。
- 新建一个 Add 节点，将 Voronoi 节点的 Out(1) 输出连接到 Add 节点的 A(1) 输入。
- 将之前已经连接到 Fragment 块 Base Color 输入端的 One Minus 节点输出，连接到新创建的 Add 节点的 B(1) 输入，如图 7-14 所示。

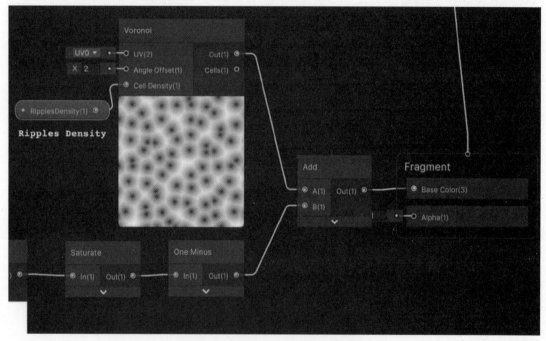

图 7-14 使用 Voronoi 节点创建光斑

保存资源并返回"场景"视图，可以看到，虽然水中出现了一些光影，但白色渐变区域太宽了（图 7-15）。为了让它更窄，我们将按照以下步骤使用 Power 节点。

- 在 Voronoi 节点之后添加一个 Power 节点，并将其 A(1) 输入连接到 Voronoi 节点的 Out(1) 输出。
- 新建一个 Float 输入节点，默认值设为 4.5，将其作为名为 RippleStretch 的属性公开，并连接到 Power 节点的 B(1) 输入。
- 最后，将 Power 节点的输出连接到之前创建的 Add 节点的 A(1) 输入，如图 7-16 所示。

图 7-15 宽光斑涟漪

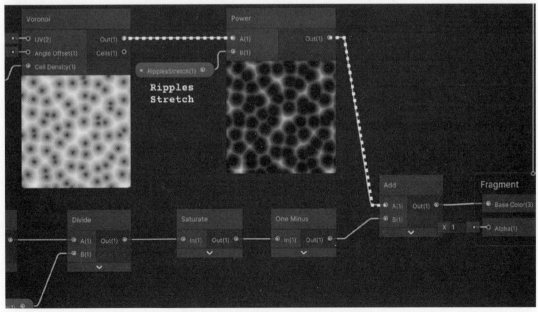

图 7-16 利用 Power 节点拉伸水波光影

记住，将 0 到 1 之间的数值提高到大于 1 的数值（在此例中为 4.5）时，除了最接近 1 的那些值之外的输出值都会大幅降低。视觉上，这会将渐变拉伸到最白的区域。结果如图 7-17 所示。现在，平面上形成了类似真实的水波光影的效果。此外，对象周围的泡沫边缘也更加明显。

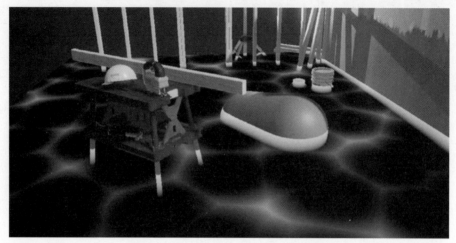

图 7-17 利用 Power 节点拉伸水波光影

7.1.4 使用 SubGraph 复用节点组

我们的目标是实现图 7-13 中那样有多层光影的效果，而不仅仅是一层。由于制作的是卡通化的效果，我们可以选择省点事儿，仅创建一层光影，但为了得到更好的效果，我认为至少应该再添加一层。这可以通过复制并粘贴创建水波光影效果的所有节点来实现，不过，更好的做法是利用 Shader Graph 中一个强大的工具——SubShader（子着色器）——来复用节点。

SubGraph（子图）是一个可复用的节点和连接的集合，它可以被封装起来，在更大的 Shader Graph 中作为单个节点来处理。利用 SubGraph，可以将相关的功能归入独立的单元中，创建模块化且有条理的着色器网络。

这种方法非常灵活，因为这些节点组可以在不同的 Shader Graph 中复用，并且对它们所做的每一个更改都会反映在所有正在使用它们的 Shader Graph 上。

现在，按照以下步骤，为之前完成的水波光影效果创建一个 SubGraph。

- 选中 RippleDensity 和 RippleStretch 属性的实例以及 Voronoi 和 Power 节点。可以按住左键并拖动鼠标来选择多个元素，也可以按住 Ctrl 键逐个单击想要选择的元素。

- 右键单击任意一个选中的元素,选择 Convert to ▶ SubGraph。
- 这时会弹出一个文件资源管理器(在 Mac 上是 Finder)窗口,提示我们选择 SubGraph 资源的保存位置。将其保存到项目根目录的 Assets 文件夹中即可。将其命名为 CausticSubGraph。

保存 SubGraph 资源并返回 WaterCartoon Shader Graph 后,就会发现刚刚选中的所有节点和连接都已经合并为一个名为 CausticSubGraph 的节点(图 7-18)。如此一来,就可以像使用其他节点一样,在任何 Shader Graph 中实例化它。

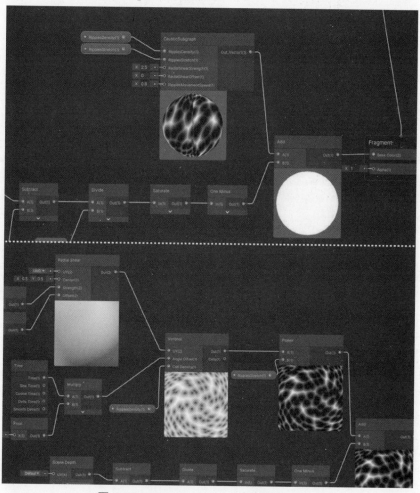

图 7-18 SubGraph(上);一组节点(下)

双击 CausticSubGraph 节点或双击"项目"选项卡中的 SubGraph 资源（图 7-19），以打开一个新的 Shader Graph 编辑器，其中存储了所有连接、节点和属性，如图 7-20 所示。请注意，现在，其中的属性被视为来自 SubGraph 外部的节点输入。

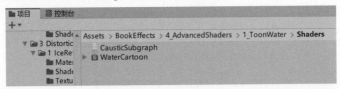

图 7-19 SubGraph 资源

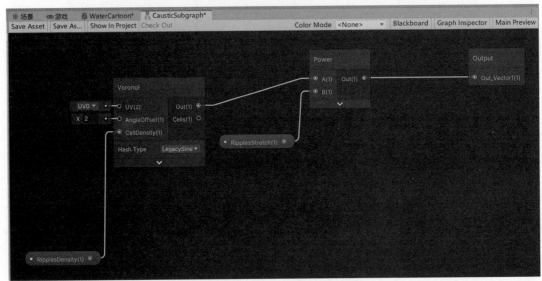

图 7-20 Caustic SubGraph

SubGraph 中的属性与我们在 WaterCartoon 着色器图中设置的属性不再相同，因此请确保为这些属性设置合适的默认值（Ripples densities 设为 8.5，RipplesStretch 设为 4.5）。如此一来，我们就可以通过 SubGraph 来以一种可复用的灵活方式修改光影效果。

7.1.5 利用径向剪切添加径向变形

水面的波纹并不是静止的，而是不断波动和变化的。为了实现更加生动和自然的流动效果，通常会使用 FlowMap（流动贴图）。但在本例中，我们将使用 Radial Shear（径向剪切）节点。

径向剪切，也称圆形剪切，是一种几何变换方式，它通过沿着从中心点向外的径向线移动对象或图像中的点，来扭曲图像或对象。这种变换会让图像中的点向外或向内移动，形成一种圆形的剪切或拉伸效果。Radial Shear 节点会对纹理的 UV 坐标进行这种变形，可以用在任何有 UV 输入的图像上，比如 Voronoi Noise 节点。

Radial Shear 节点接受多个输入，分别用于定义径向变形的中心、变形强度以及纹理坐标中 U 分量和 V 分量上的偏移，如图 7-21 所示。

要使用此节点，请打开 CausticSubGraph 资源并执行以下操作。

- 创建一个 Radial Shear 节点。
- 创建一个 Float 输入节点，将其默认值设为 2.5，命名为 RadialShearStrength，并作为属性公开。然后，将其连接到 Radial Shear 节点的 Strength(2) 输入。
- 创建另一个 Float 输入节点，将其默认值设为 0，命名为 RadialShearOffset，并作为属性公开。将其连接到 Radial Shear 节点的 Offset(2) 输入。
- 最后，将 Radial Shear 节点的输出连接到 Voronoi 节点的 UV(2) 输入，如图 7-22 所示。

在 Voronoi 噪声节点的预览中，可以看到图案现在正沿着圆形流动。UV 值通过径向剪切公式进行了变形，随后，变形后的 UV 值被用作 Voronoi 函数的输入，从而生成更加自然的流动纹理。

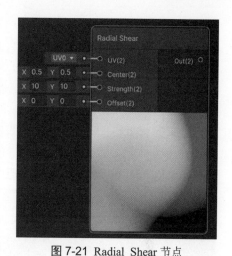

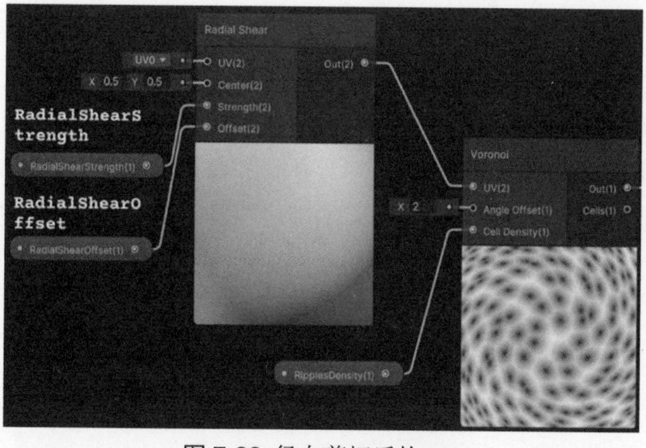

图 7-21 Radial Shear 节点

图 7-22 径向剪切后的 UV

如果保存 SubGraph 资源并返回 WaterCartoon 着色器图，会发现 CausticSubGraph 节点现在多了两个可以修改的参数（图 7-23），它们正是刚刚在 SubGraph 中创建的两个属性（Radial Shear Strength 和 Radial Shear Offset），并且它们都已初始化为 SubGraph 中设置的默认值。这非常实用，因为如此一来，我们就可以通过使用多个 CausticSubGraph 节点，并为每个节点设置不同的输入值，来生成不同层次的水波光影纹理效果。

如果回到"场景"视图，会发现剪切变形已经应用到 Voronoi 纹理，产生了一个径向流动的扭曲效果，像是水在波动一样（图 7-24）。虽然它实际上并没有移动，但通过不断改变 Voronoi 噪声节点的角度偏移，我们可以赋予它一些动态的视觉效果。

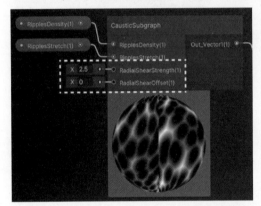 

图 7-23 CausticSubGraph 节点中的新输入　　　图 7-24 Voronoi 径向扭曲

7.1.6 为 Voronoi 单元添加移动效果

在计算 Voronoi Noise 节点时，纹理中会显示一些随机种子（即单元的中心），这些种子的位置是根据 UV 坐标的范围确定的。然后，系统会计算每个单元格与邻近单元格之间的距离，并在单元格之间显示渐变效果。

Voronoi Noise 节点还接受 Angle Offset 输入，在计算种子之间的距离时，这个输入会引入旋转偏移。这将改变 Voronoi 单元在纹理中的排列方式。例如，图 7-25 展示了两个使用不同 Angle Offset 值的 Voronoi Noise 节点。

随着 Angle Offset 值的逐渐增大，纹理上的单元会呈现出迷人的动态变化。为了让 CausticSubGraph 着色器的 Voronoi Noise 节点中的 Angle Offset 值逐渐增加，我们将使用 Time 节点，和之前一样。

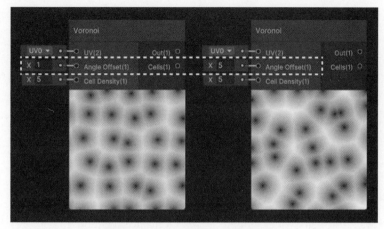

图 7-25 不同 Angle Offset 的对比

双击打开 CausticSubGraph 资源,并在其中执行以下操作。
- 创建一个 Time 节点和一个 Multiply 节点。
- 创建一个 Float 输入节点,将默认值为 0.8,命名为 RipplesMovementSpeed,并作为属性公开。这个属性决定了波纹的移动速度。
- 拖动 Time 节点的 Time(1) 输出,以创建一个 Multiply 节点,连接到其 A(1) 输入端。
- 将新创建的 RipplesMovementSpeed 属性连接至乘法节点的 B(1) 输入。
- 最后,将 Multiply 节点的输出连接到 Voronoi Noise 节点的 AngleOffset(1) 输入,如图 7-26 所示。

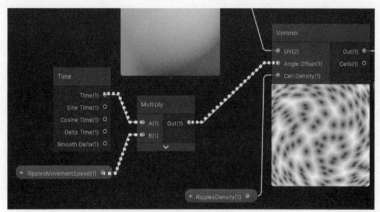

图 7-26 随时间增加的 Angle Offset 值

就像之前在许多效果中所做的那样,在着色器初始化之后,Time 节点会输出一个不断增加的值。这值递增的速率由我们通过 Multiply 节点创建的属性来控制。Voronoi 节点会接收这个不断增加的值,将其输入 Angle Offset,从而创建一个动态的 Voronoi 图案。

保存 SubGraph 资源,回到"场景"视图,通过单击"播放"按钮或与编辑器交互来检查效果。

动态的波纹会为水增加立体感,波纹自然地波动,模拟了光线穿过水面后引发的反射效果。径向剪切带来了出色的流动感,使波纹从纹理的中心向外扩散。接下来,是时候添加更多层波纹了。

7.1.7 添加额外的光影层

如果打开 WaterCartoon Shader Graph,会发现 CausticSubGraph 节点有一个新的输入——RipplesMovementSpeed 输入,这实际上是我们在 SubGraph 中创建的属性。现在,节点中的输入已经足够了,是时候为水波光影创建不同的层次了。

和之前一样,可以通过选中节点后按下快捷键 Ctrl+D 来复制 Caustic 节点,或者使用快捷键 Ctrl+C 和快捷键 Ctrl+V 进行复制粘贴。

如图 7-27 所示,这两个节点都使用了相同的 RipplesDensity 属性和 RipplesStretch 属性。

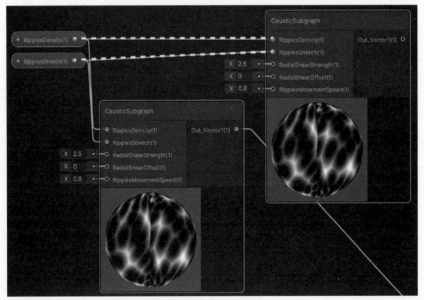

图 7-27 共享属性

为了在新添加的水波光影层中创建不同的效果，请移除它与原始属性的连接，以便对它进行更多的个性化调整。现在，删除复制出来的节点中的属性输入连接，以便为这些参数设置不同的值。这可以通过选中连接后按 Delete 键，或右键单击选择 Delete 命令来完成。

现在，在复制的节点中输入以下默认值，以生成完全不同的水波光影图案，如图 7-28 所示：

- RipplesDensity = 5
- RipplesStretch = 12
- RadialShearStrength = 5
- RadialShearOffset = 2
- RipplesMovementSpeed = 0.6

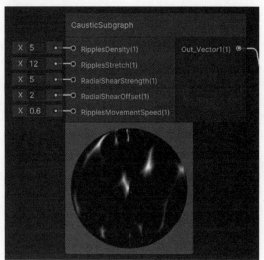

图 7-28 更改复制出来的 Caustic 节点的值

现在，使用 Add 节点来合并两个节点生成的图案，具体步骤如下。

- 创建一个新的 Add 节点，并将原始 Caustic 节点和复制的 Caustic 节点的输出分别连接到 Add 节点的 B(1) 和 A(1) 输入。
- 然后，将刚刚创建的 Add 节点的输出连接到第一个 Add 节点的 A(1) 输入，后者负责将深度计算添加到水面纹理中，如图 7-29 所示。
- 通过将两个图案相互叠加，可以在场景中创造出既逼真又保持了卡通风格的水波光影效果（图 7-30）。添加第二层光影效果后，水的流动看起来更加精细，因为不同的光影层会以不同的速度移动，从而产生更加自然和逼真的效果。

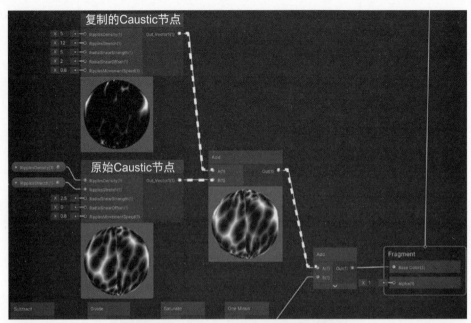

图 7-29 将 Caustic 节点与水面纹理关联起来

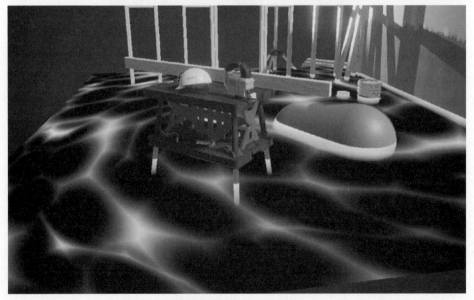

图 7-30 复杂的光影效果

7.1.8 为水波光影纹理添加颜色

创建好黑白纹理后,就可以为其添加一些蓝色和绿色的色调,以获得理想的卡通水效果。

我们将采取简单的方式,在 WaterCartoon Shader Graph 中使用 Lerp 节点为原始 Caustic 节点输出着色,具体步骤如下。

- 在第一个 Caustic 节点之后创建一个 Lerp 节点。
- 将 Lerp 节点的输出连接到将两个 Caustic 纹理相加的 Add 节点的 B(1) 输入。
- 将第一个 Caustic 节点的输出连接到 Lerp 节点的 T(1) 输入,如图 7-31 所示。

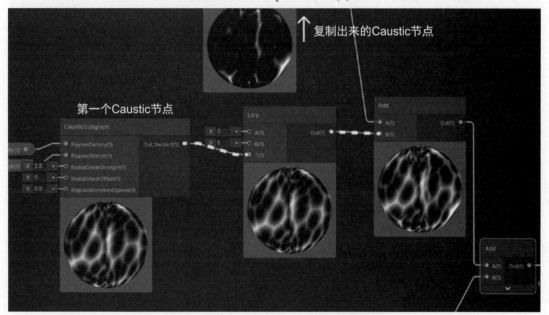

图 7-31 第一个 Caustic 节点和 Add 节点之间的 Lerp 节点

注意,这里使用黑白纹理作为 T(1) 输入是为了控制插值或混合效果。在纹理中,较暗的区域(值接近 0)会使颜色更接近 A,而较亮的区域(值接近 1)会使颜色更接近 B。灰度纹理被用作遮罩,决定了 A 和 B 两种颜色之间的渐变效果在不同区域的表现和强弱。

基于这一思路,我们将在 A 中输入水体的基色,在 B 中输入波纹的颜色,步骤如下。

- 新建一个 Color Input 节点,将其命名为 BaseWaterColor 并作为属性公开,默认值设为(R = 73,G = 173,B = 192,A = 255)。

- 再新建一个 Color Input 节点，将其命名为 RipplesColor 并作为属性公开，默认值设为（R = 125，G = 238，B = 237，A = 255）。
- 将 BaseWaterColor 节点连接到 Lerp 节点的 A(4) 输入，并将 RipplesColor 属性节点连接到 Lerp 节点的 B(4) 输入，如图 7-32 所示。

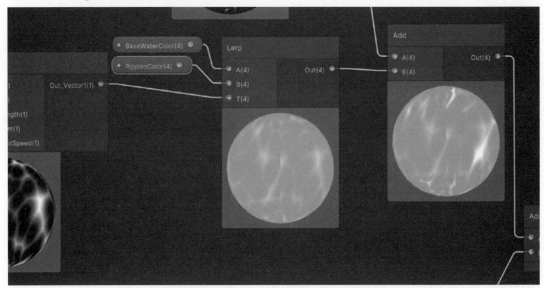

图 7-32 添加 BaseWaterColor 和 RipplesColor

- 作为最终调整，将 Fragment 块的默认 Alpha 输入减少到 0.7。这将赋予水体一种漂亮的半透明质感，如图 7-33 所示。

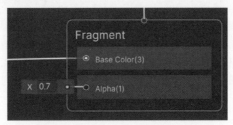

图 7-33 将 Alpha 值减少到 0.7

- 保存资源，回到"场景"视图并单击播放按钮。可以看到，现在的着色器效果看上去非常精致，平面对象上有多层动态的卡通风格的水波光影，创造了非常生动和美观的水体效果，如图 7-34 所示。

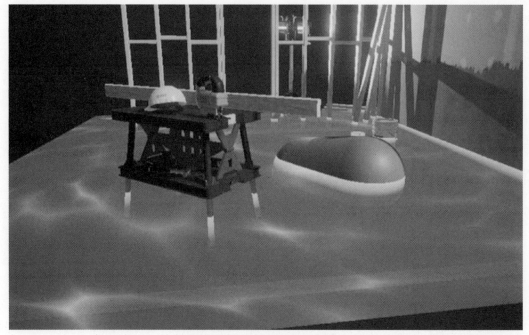

图 7-34 彩色的动态水波光影

到这里,我们已经实现了一个精致且具有"深度"的水体效果。但是,现实生活中的水是不断流动和变化的,受到潮汐的影响,它会不断地上下波动。显然,我们的水体效果也需要加入这种变化。在下一节中,我们将为着色器添加顶点运动,通过使水面顶点发生变形来模拟水的上下波动。

7.1.9 使水面顶点发生变形

现在,我们的 Shader Graph 已经变得相当复杂了,其中包含大量计算,甚至嵌入了 SubGraph。在制作着色器时,每一个细节都需要仔细考量。在本例中,我们将沿着平面的 y 轴添加随机的顶点变形,以模拟潮汐。

打开 WaterCartoon 资源,并在 Shader Graph 编辑器中执行以下操作。

- 创建一个 Simple Noise 节点。这个节点将在平面上的每个顶点处生成一个随机的变形量,使顶点沿 y 轴移动。

- 现在，我们需要让变形更加柔和，以生成平滑的噪声图案。为此，将 Noise 节点的 Scale(1) 输入从 500 改为 4，如图 7-35 所示。

为了增加一些位移，需要在 Simple Noise 节点之前添加一些节点。与之前采取的方式类似，我们将使用 Time 等节点来引入位移。

要以定义的速率生成一个不断增加的值，执行以下操作。

- 创建一个 Time 节点，拖动其 Time(1) 输出以创建一个新的 Multiply 节点，接着，将 Time 节点的输出连接到 Multiply 节点的 A(1) 输入。

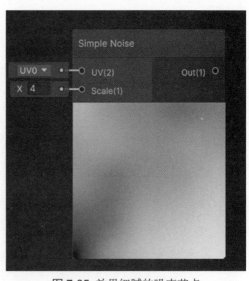

图 7-35 效果细腻的噪声节点

- 新建一个 Float 输入节点，将默认值设为 0.2，命名为 DisplacementSpeed，并将其作为属性公开。
- 将 DisplacementSpeed 属性节点连接到刚刚创建的 Multiply 节点的 B(1) 输入。
- 创建一个 Tiling and Offset 节点，将其 Offset(2) 输入与 Multiply 节点输出连接，再将其输出连接到 Noise 节点的 UV(2) 输入，如图 7-36 所示。Tiling and Offset 节点将根据 Tiling(2) 和 Offset(2) 的输入对 UV 坐标进行变形，如下所示。

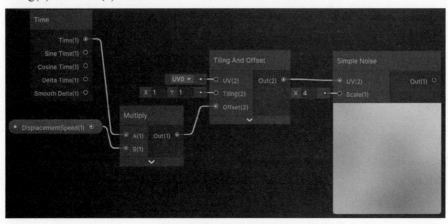

图 7-36 滚动的 Noise 纹理

- Tiling(2)：此 Vector2 将与 UV 坐标的 U 分量和 V 分量相乘，从而在 X 轴或 Y 轴上生成平铺或重复的图案。
- Offset(2)：此 Vector2 将与纹理坐标的 U 分量和 V 分量相加，从而在 X 轴或 Y 轴（或两个方向）上创建位移。

我们将使用 Offset 输入，使 Noise 节点的纹理在 X 轴和 Y 轴上随着时间不断位移。

接下来，我们需要设法控制位移的强度，也就是顶点在 Y 轴上移动的幅度。请按照以下步骤操作。

- 创建一个 Multiply 节点，将 Simple Noise 节点的输出连接到 Multiply 节点的 B(1) 输入。
- 新建一个 Float 输入节点，将默认值设为 0.8，命名为 DisplacementAmoun，并将其作为属性公开。
- 将这个属性节点连接到新创建的 Multiply 节点的 A(1) 输入，如图 7-37 所示。

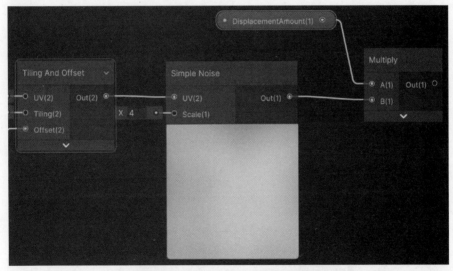

图 7-37 控制 Noise 节点的位移强度

通过这一组节点的输出，我们可以使用 DisplacementAmount 乘以生成的噪声量，从而控制噪声的强度。值越大，顶点的垂直位移就越大，反之亦然。

现在，是时候使用刚刚创建的 Multiply 节点的输出来沿 Y 轴移动顶点了。

拖动刚刚创建的 Multiply 节点的输出，以创建一个 Vector3 节点，并将其连接到 Y(1) 输入。这个节点将输出一个 Vector3，其 Y 分量使用了之前计算的噪声图案。这相当于是告诉着色器，位移应该在顶点的 Y 轴方向上进行。接下来，我们需要将这个位移信息与当前顶点的位置相加，具体步骤如下：

- 创建一个 Object 空间的 Position 节点。此节点将包含平面顶点的默认位置信息。
- 然后，新建一个 Add 节点，将其 A(1) 和 B(2) 输入分别连接到 Position 节点的输出和 Vector3 节点的输出。
- 最后，将这个 Add 节点的输出连接到 Main Stack 中 Vertex 块的 Position(3) 输入，如图 7-38 所示。

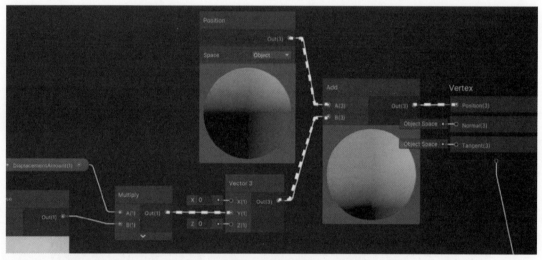

图 7-38 顶点位移

保存 Shader Graph 资源，回到"场景"视图查看最终结果。由于 Time 节点参与了位移计算，在单击"播放"按钮后，可以更清楚地观察到动态的顶点变形效果。

图 7-39 展示了水面是如何起落的。现在的水看起来生机勃勃，场景中的各种元素都浸在水中，但是，靠近水面的对象的轮廓仍然隐约可见，带有卡通风格的泡沫边缘。

图 7-39 水波效果

这是我们迄今为止开发的最复杂的效果,它包含众多属性、SubGraph、光影效果以及 Fragment 和 Vertex 着色器的计算。在着手制作下一个复杂的效果(泡泡着色器)之前,建议回顾一下我们所做的一切,并尝试调整各项属性的值,以实现不同的水体效果。

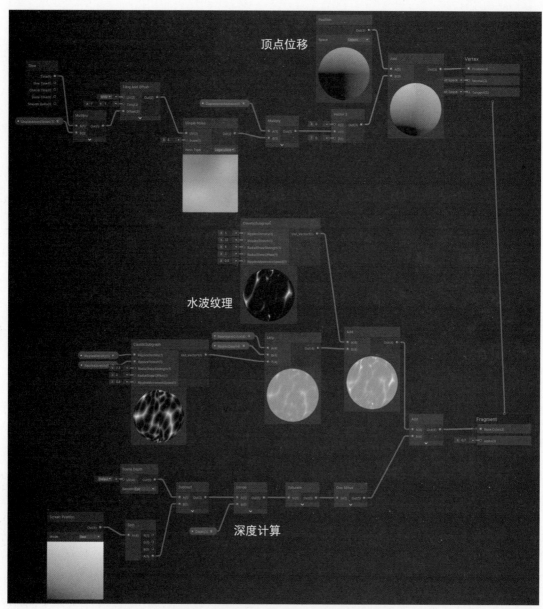

图 7-40 完整的 WaterCartoon Shader Graph

7.2 虹彩泡泡着色器

本节将创建虹彩泡泡（iridescent bubble）效果。和之前一样，在处理复杂着色器时，建议先找找目标效果的参考图，如图 7-41 所示。

图 7-41 虹彩泡泡

泡泡的表面看上去流光溢彩，这种效果是由光与泡泡表面的薄膜相互作用时，光的干涉和衍射现象所引起的。如果近距离观察泡泡表面，会看到皂膜（soap film）在泡泡的表面流动，创造出了这种奇幻的效果，如图 7-42 所示。

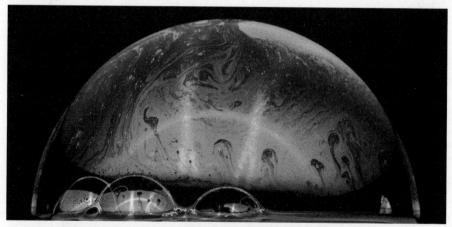

图 7-42 虹彩肥皂泡的特写

根据参考图片，可以观察到泡泡表面具有以下特征，这些是着色器需要实现的目标：

- 泡泡的表面可以反光，因此可以在它的表面看到周围元素的倒影（金属性）；
- 由于皂膜的作用，泡泡表面呈现出随机的虹彩图案（噪声）；
- 这些图案在泡泡上形成了美丽的颜色渐变（颜色渐变）；
- 从摄像机视角来看，泡泡的中心是透明的，越靠近外缘，颜色和反射就越明显（菲涅耳效应）；
- 泡泡的表面会的表面由于空气流动和自身的运动而不断变形（顶点位移）。

前面这种逐步分析的过程被称为抽象练习（abstraction exercise），旨在提取想要实现的视觉效果的主要特性，并找到 Shader Graph 中对应的可用工具。现在，我们将把这个复杂效果分解为一系列可执行的步骤，如下所示。

- 完成准备工作。
- 创建并配置金属反射效果。
- 创建虹彩动态图案。
- 添加薄膜干涉（film interference gradient[①]）形成的渐变。
- 为边缘设置透明度和颜色。
- 添加随机顶点位移。

7.2.1 准备工作

像往常一样，建议使用第 3 章中介绍的 3D Sample Scene（URP）来完成这个效果，因为它已经设置好了一些接下来的步骤将会用到的功能。现在，让我们开始创建 Shader Graph，并在 Graph Inspector 中配置主要属性，步骤如下。

- 在 Unity Editor 中的"项目"选项卡中单击右键，选择"创建"▶ Shader Graph ▶ URP ▶"光照 Shader Graph"。将其命名为 bubble。
- 右键点击刚刚创建的 bubble 资源，选择"创建"▶"材质"，以创建一个使用此着色器的材质。

---

① 译注：薄膜干涉是一种物理光学现象，由薄膜上、下表面反射（或折射）光束相遇而产生的干涉。薄膜通常由厚度很小的透明介质形成，比如肥皂泡膜、水面上的油膜、两片玻璃间所夹的空气膜、照相机镜头上所镀的介质膜、蛤蜊等贝壳或者古瓷器釉上彩表面的光膜等。比较简单的薄膜干涉有两种：等厚干涉，如牛顿环和楔形平板干涉；等倾干涉，如同心环。

- 在"层级"选项卡中单击右键，选择"3D 对象"▶"球体"来在场景中创建一个球体。将球体的位置设为（2,1,0），并将其命名为 Bubble。
- 将刚创建的材质从"项目"选项卡中拖到场景或"层级"选项卡中的 Bubble 游戏对象上，以将材质应用到它的 Mesh Renderer 组件中。

现在，双击 bubble 资源以打开 Shader Graph 编辑器，进入 Graph Inspector 面板。在 Graph Settings 选项卡中，将 Surface Type 更改为 Transparent，并确保 Workflow Mode 设置为 Metallic，如图 7-43 所示。

我们做好准备后，可以开始开发 bubble 着色器了，首先要创建表面反射效果。

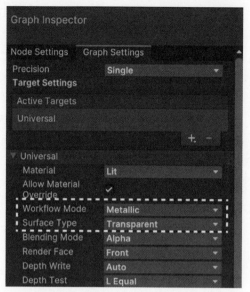

图 7-43 设置 Metallic 和 Transparent

7.2.2 创建和设置反射

第 2 章在介绍 Main Stack 中的 Fragment 块的不同输入时，讲解过 Metallic 输入的概念。Metallic 属性是一个介于 0 到 1 之间的值。值为 0 通常对应着非金属或介电质材料（例如塑料或木材），而值为 1 通常对应着全金属表面。

金属表面拥有大量未与特定原子结合且能在金属表面自由移动的自由电子。当光线照射到金属表面时，这些自由电子会被激发并产生振荡，生成与入射光相同频率和方向的电磁波，形成全反射（total reflection）[①]。

本例中的泡泡并不是由金属制成的，但它的表面能够反射光。因此，我们的第一步是创建这种类似金属的表面，步骤如下：

---

① 译注：指的是光由密度大的地方射到密度小的地方时，会被全部反射回到原来的地方，比如海市蜃楼就是这种现象的体现。

- 打开 bubble Shader Graph，并将 Fragment 块中 Metallic 输入的默认值更改为 1。金属表面必须非常光滑才能反射入射光线。这可以通过 Smoothness（光滑度）设置来调整，就像第 2 章中提到的那样。
- 将 Fragment 块中 Smoothness 输入的默认值改为 1，如图 7-44 所示。
- 保存 Shader Graph 资源后返回"场景"视图，可以看到两种不同的效果。第一是一个反射周围环境的球体，倒映着场景中的所有对象，如图 7-45 所示。
- 第二是一个没有任何倒影的黑色球体，如图 7-46 所示。

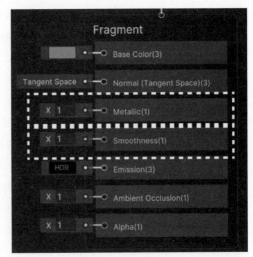

图 7-44 将 Metallic 和 Smoothness 的默认值设为 1

图 7-45 全反射效果

图 7-46 无反射效果

要想让球体表面反射场景中的对象，需要在场景中设置反射探针（Reflection Probe），并让它计算反射立方图。那么，什么是反射探针和反射立方图呢？

反射之所以能够按预期工作，将球体周围的环境倒映出来，是因为场景中的 Example Assets 对象有一个 Reflection Probes 子对象，而后者又有三个子对象，这些子对象带有 Reflection Probe 组件，如图 7-47 所示。

高级着色器　249

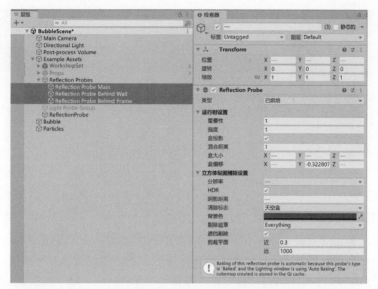

图 7-47　3D Sample Scene（URP）项目的默认场景中的反射探针

选中这些探针后，它们在场景中显示为金属球体，反射周围一切对象，如图 7-48 所示。

图 7-48　"场景"视图中的反射探针

反射探针从场景中的特定位置捕捉周围环境，并将信息存储在立方图纹理中。立方图纹理包含六张 2D 图像，分别代表不同方向（上、下、左、右、前、后）的反射。图 7-49 展示了由反射探针生成的立方图示例。

图 7-49 反射立方图

着色器会使用这些立方图来计算探针影响范围内的游戏对象上的精确反射,这个范围由 Box Size(盒大小)属性定义。

Reflection Probe 组件有几个重要的属性,下面介绍最重要的几个。

- 类型:它决定了反射探针的类型,可以选择已烘焙(Baked)或实时(Realtime)。已烘焙探针捕捉的是静态反射,这些反射会预先计算并存储在光照贴图或反射探针中。实时探针会实时更新,允许动态反射,但更加消耗性能。
- 盒大小:决定了探针的反射会影响多大范围内的对象。位于范围内的对象将接收到精确的反射,而在范围之外的对象可能接收不到反射,或仅接收到不准确的反射。
- 盒投影:启用后,反射探针将使用盒形来捕捉反射,而不是默认的球形。在特定环境中,或盒形更合适的情况下,这个设置很有用。
- 分辨率:指定用于存储反射的立方图纹理的分辨率。分辨率越高,反射越清晰、越精确,但这会对性能产生一定影响。

综上所述,要在金属表面上创建逼真的反射,至少需要设置一个反射探针,确保要进行反射的对象在它的作用范围内,并烘焙反射立方图。

如果想为另一个不同的场景添加新的反射探针来生成反射效果,请按照以下步骤操作。

- 在"层级"选项卡的任意位置单击鼠标右键并选择"创建空对象"。这将创建一个仅包含 Transform 组件的空对象,如图 7-50 所示。

图 7-50 空游戏对象

- 为了更便于理解,将该对象重命名为 Reflection Probe。
- 选中这个新对象,在"检查器"中单击"添加组件"按钮,搜索 Reflection Probe(图 7-51)并将该组件添加到对象中。

图 7-51 添加 Reflection Probe 组件

- 我还将反射探针对象的位置改为（2,1,0），也就是模板场景的中心位置。如果选中刚刚创建的反射探针，会发现它看起来像一个带有无光照材质的球体，如图 7-52 所示，这是因为与该反射探针关联的反射立方图尚未被烘焙（即计算）。

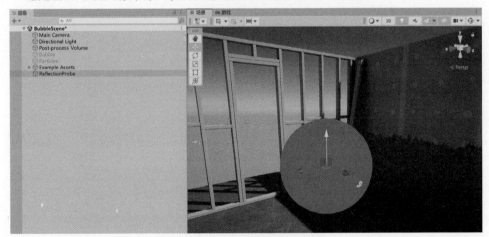

图 7-52 未烘焙立方图的反射探针

- 启用 Bubble 对象后，会发现它显示为纯黑色，这是因为 bubble 着色器没有可供读取并在对象表面显示的反射立方图，如图 7-53 所示。
- 要烘焙反射立方图，请选中 ReflectionProbe 游戏对象，单击 Reflection Probe 组件最底部的 Bake（烘焙）按钮，如图 7-54 所示。

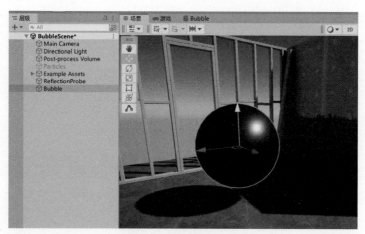

图 7-53 未加载立方图

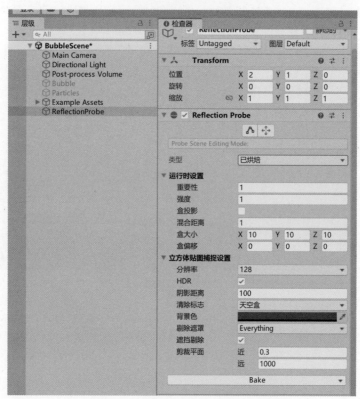

图 7-54 单击 Bake 按钮,烘焙立方图

烘焙的时间长短取决于分辨率的高低（分辨率越高，创建立方图的时间越长）。如图 7-55 所示，烘焙完成后，就可以看到 ReflectionProbe 对象将能够反射其范围（10,10,10）内的所有对象，这个范围是通过盒大小属性来设置的。

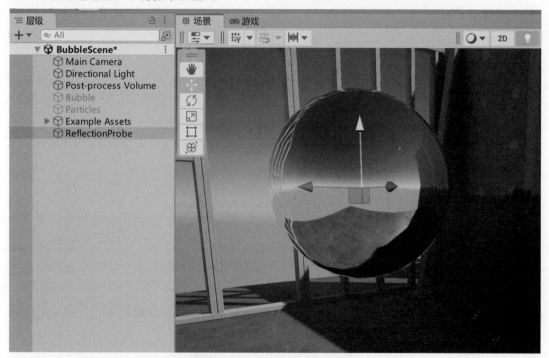

图 7-55 计算出的反射立方图

■说明：为了避免每次更改反射探针的影响范围时都重新烘焙所有立方图，可以在菜单栏中选择"窗口"▶"渲染"▶"照明"，然后勾选窗口最底部的"自动生成"选项。如此一来，系统就会自动生成所有与光照和反射相关的设置，无需我们手动操作，并且每次更改任何光照组件的设置时，它都会自动执行。当自动光照生成处于激活状态时，Reflection Probe 组件的 Bake 按钮将被隐藏，因为我们不再需要手动执行烘焙了。但请注意，如果场景非常庞大，包含许多细节和光源，自动生成过程可能会需要较长时间。

如图 7-56 所示，在存放场景资源的文件夹中，系统会新建一个文件夹来存储反射探针的立方图文件。该文件夹通常用于存储与场景光照和反射配置相关的所有设置。

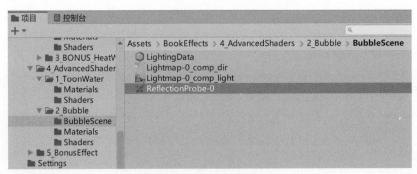

图 7-56 立方图文件

现在，启用 Bubble 对象后，可以看到反射设置已正确应用，泡泡表面倒映着周围的对象，如图 7-57 所示。

图 7-57 Bubble 对象倒映着周围的对象

泡泡上的反射效果已经创建好，接下来，添加虹彩效果，使其看起来不再像是抛光的金属。

7.2.3 创建虹彩动态图案

就像在介绍这一效果时提到的那样,泡泡表面会出现彩虹色的图案,这是一种由穿过泡泡表面流动的皂膜和水的光线形成的随机图案。本节的目标是复现这种随机图案纹理,并使其沿着球体表面按指定方向流动。

为了实现此效果,请打开 bubble Shader Graph 资源。在 Shader Graph 编辑器中按照以下步骤操作。

- 创建一个 Time 节点和一个默认值为 0.1 的 Float 输入节点。将后者作为名为 PatternScrollingSpeed 的属性公开。
- 拖动 Time 节点的 Time(1) 输出以新建一个 Multiply 节点,并将其连接到 Multiply 节点的 A(1) 输入。
- 将 PatternScrollingSpeed 属性连接到此 Multiply 节点的 B(1) 输入。
- 新建一个 Position 节点,并将其 Space 设置为 Object。
- 拖动 Position 节点的输出以新建一个 Add 节点,将 Position 节点连接到 Add 节点的 A(1) 输入。
- 创建一个 Simple Noise 节点,并将 Scale(1) 的默认值设为 15。
- 将 Add 节点的输出连接到 Simple Noise 节点的 UV(2) 输入。
- 将 Simple Noise 节点的输出连接到 Fragment 块的 Base Color 输入,如图 7-58 所示。

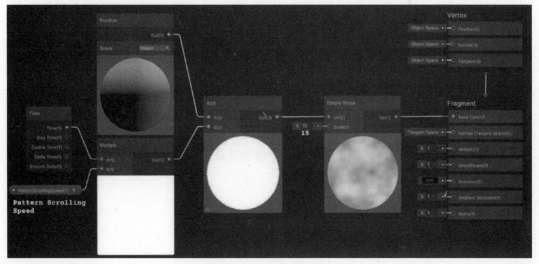

图 7-58 滚动的噪声图案

我们需要让噪声纹理沿着球体表面流动。一种简单的方法是使用片元的位置信息，并加上或减去一个不断增加的值。

我们通过 Position 节点读取相对于屏幕的球体表面片元位置，这样做的好处是，噪声图案不会因为球体的 UV 坐标发生变形，因为使用的是片元在屏幕上的相对位置。接下来，我们通过 Time 节点让片元的屏幕位置滚动，从而生成一个移动的图案，同时通过 Float 输入和 Multiply 节点控制移动的速度。最后，这些移动的片元位置会被截断为 Vector2，并作为 UV 输入到 Noise 节点，这样噪声图案就能够映射到球体的表面上，如图 7-59 所示。

图 7-59 滚动的噪声图案

注意，若想更好地查看滚动效果，请单击"播放"按钮。如果无法清楚地看到图案，请适当降低 Metallic 值。

虽然图案的确在表面上滚动，但它没有任何变化变化，显得非常静态且缺少随机性。为了给滚动纹理增添流动感和变化，我们将添加一个从黑到白的渐变。这种渐变将应用到滚动纹理上，沿着渐变方向产生持续变化的噪声图案。这是一种模拟纹理流动变化的简易方法。

- 在 bubble 着色器中添加一个 Dot Product 节点。将其输入 A(3) 与之前创建的 Position 节点的输出相连（请记住，一个输出可以连接到多个输入）。
- 将 Dot Product 节点的 B(3) 输入的默认值设为（1,1,0）。
- 新建一个 Add 节点，将 Dot Product 节点的输出连接到 Add 节点的 A(1) 输入，Simple Noise 节点的输出连接到 Add 节点的 B(1) 输入。
- 最后，将这个 Add 节点的输出连接到 Fragment 块的 Base Color 输入，如图 7-60 所示。

噪声纹理在滚动时会沿着渐变方向不断变化，因为它的值会受渐变影响，在 0 到 1 的范围内变化，产生更动态的效果。

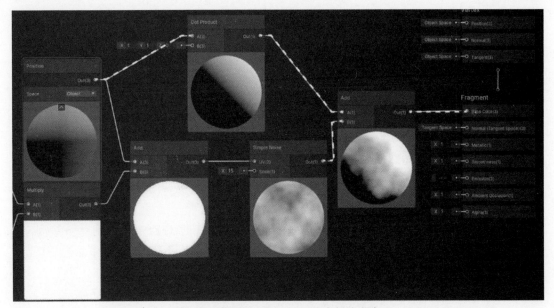

图 7-60 使用 Dot Product 节点创建渐变

接下来，让我们研究一下泡泡的表面为何会出现绚丽多彩的渐变。

7.2.4 添加薄膜干涉渐变

薄膜干涉是一种绚丽的现象，通常发生在光波从非常薄的材质表面（如肥皂泡或油膜）反射的时候就会发生。当光线照射到薄膜表面，一部分光就会反射回来，另一部分光则会穿透薄膜。

关键在于，光可以在薄膜的上下表面之间来回反射。当这种情况发生时，光波可能会相互叠加并增强（建设性干涉），也可能会相互抵消（破坏性干涉）。

之所以会在薄膜干涉现象中看到颜色，是因为某些颜色的光被增强，而另一些颜色的光被抵消。具体看到什么颜色取决于薄膜的厚度。

这些颜色渐变的变化方式通常与颜色光谱的排列相似。如果观察参考图像（图 7-61），可以看到蓝色、绿色、粉色、黄色等颜色。

图 7-61 油渍产生的薄膜干涉颜色渐变

接下来，使用 Gradient 节点和 Sample Gradient 节点来复现这种颜色渐变，具体步骤如下。
- 创建一个 Gradient 节点（注意不要与 Gradient Noise 节点混淆）。这个节点会在 0 到 1 的范围内插值，从而在两个或多个颜色或数值之间生成平滑过渡。
- 单击 Gradient 节点中的黑白渐变矩形，以打开 Gradient Editor，如图 7-62 所示。

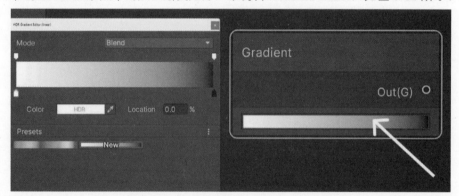

图 7-62 Gradient 节点和 Gradient Editor

- 在 Gradient Editor 的顶部，可以看到最终的渐变示例和两个关键部分：一个位于渐变的顶部，另一个位于渐变的底部。
- 可以在顶部区域定义 alpha 键值。可以为不同的键设置不同的 alpha 值，系统会根据设定的 alpha 值执行插值，在它们之间进行平滑过渡。
- 可以在底部区域定义颜色键（color key）。

通过单击渐变顶部或底部的空白区域，可以创建新的颜色键。创建后，就可以选择任何键来调整它在渐变中的位置以及颜色值。

为达到需要的效果，建议使用如下 8 个键值（该工具支持的最大数量），如图 7-63 所示：

- Key 1: 颜色 =（0，41，195），位置 = 0.0
- Key 2: 颜色 =（16，191，0），位置 = 12.4
- Key 3: 颜色 =（191，146，0），位置 = 27.1
- Key 4: 颜色 =（115，0，191），位置 = 40.9
- Key 5: 颜色 =（5，92，130），位置 = 57.1
- Key 6: 颜色 =（44，184，0），位置 = 70.3
- Key 7: 颜色 =（255，195，0），位置 = 83.2
- Key 8: 颜色 =（115，41，191），位置 = 100.0

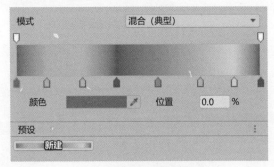

图 7-63 最终的渐变结果

这些颜色值只是薄膜干涉颜色的一个示例，可以自行探索不同的组合，以创造相似的效果。单击 Gradient Editor 窗口底部的"新建"按钮来保存这个渐变，将来需要用到它的时候，只需要在 Gradient Editor 窗口中单击预设即可加载它。

现在我们已经创建并设置了 Gradient 节点，需要对其进行采样。Gradient 节点的输出需要一个介于 0 和 1 之间的值，以确定输出哪种颜色。这里需要使用 Sample Gradient 节点，步骤如下：

- 创建一个 Sample Gradient 节点，并将 Gradient 节点的输出连接到它的 Gradient(G) 输入。
- 将刚刚创建的 Add 节点的输出连接到 Sample Gradient 节点的 Time(1) 输入。
- 最后，将 Sample Gradient 节点的输出连接到 Fragment 块的 Base Color 输入，如图 7-64 所示。

Sample Gradient 节点会将 Add 节点输出的黑白纹理转化为 0 到 1 的数值，并根据渐变定义的颜色进行采样，输出相应的颜色值。

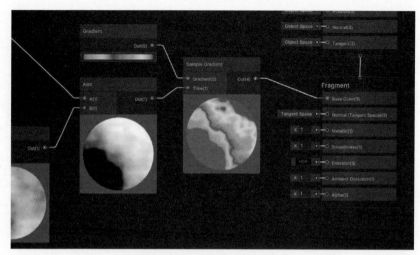

图 7-64 Sample Gradient 节点

如果保存资源并返回到"场景"视图，会看到一个非常漂亮的金属球体，它表面上流动着五彩斑斓的大理石纹理，如图 7-65 所示。

图 7-65 泡泡表面的彩色噪声图案

现在，我们已经添加了动态的薄膜干涉效果，它在球体表面创建了一个美丽的动态图案。但是，它看起来仍然像一个实心金属球。接下来，我们将让它变得透明，看上去更像一个轻盈的肥皂泡。

7.2.5 添加边缘透明度和颜色

正如图 7-42 所示，泡泡的中心几乎是完全透明的，接近外缘的部分则逐渐变得半透明。谈到"边缘"或"边框"，就应该想起 Fresnel Effect 节点。本书的多个效果都使用过这个节点，它会在网格的外缘创建一个渐变效果，并根据视角向量和 Fresnel Power 参数来调整渐变的厚度。我们将使用此节点在球体的外缘创建透明度遮罩，步骤如下。

- 首先，确保 Graph Settings 选项卡中的 Surface Type 仍然设置为 Transparent。
- 在 bubble Shader Graph 中创建一个 Fresnel 节点，并将 Power(1) 输入的默认值设为 1。
- 将 Fresnel Effect 节点的输出连接到片元块的 Alpha(1) 输入，如图 7-66 所示。

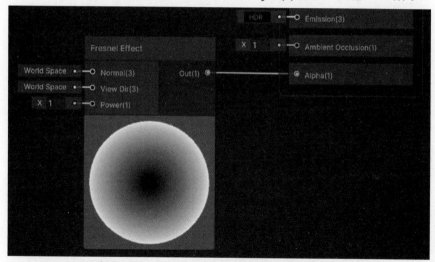

图 7-66 将 Fresnel Effect 节点用作透明度遮罩

纹理中颜色越暗的区域，球体表面就越透明；而纹理中颜色越亮的区域，泡泡表面的相应部分就越不透明，如图 7-67 所示。

我们越来越接近理想的效果了，接下来，我们将为 Emission 输入添加一个边缘效果，实现一个浅蓝色的光晕，模拟水面反射效果。请按照以下步骤操作。

- 新建一个 Fresnel Effect 节点，这次将 Power(1) 的默认值设为 20。我们希望这个菲涅耳效应被大幅拉伸，变成细细的一圈，所以为 Power 设置了一个较高的默认值。

图 7-67 泡泡的透明效果

- 新建一个 Multiply 节点，将其 A(1) 输入连接到 Fresnel Effect 节点的输出。
- 创建一个 HDR 模式下的 Color Input 节点，将默认颜色设值为（R = 0，G = 190，B = 190），强度设为 1.5。
- 将 Color Input 节点连接到 Multiply 节点的 B(4) 输入。
- 将 Multiply 节点的输出连接到 Fragment 块的 Emission 输入，如图 7-68 所示。

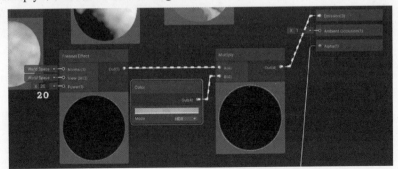

图 7-68 泡泡的透明度与发光边缘

Fresnel Effect 节点将在球体的外缘创建一个由黑到白的渐变，由于较高的 Power 值，从玩家视角看，这个渐变被大幅拉伸，形成了一个极细的菲涅尔渐变。随后，我们通过将 Fresnel Effect 节点的输出与蓝色相乘来为这个渐变着色，最终得到如图 7-69 所示的效果。

图 7-69 泡泡的蓝色外缘

你可能觉得，同一个着色器中添加两个 Fresnel Effect 节点会非常耗费性能，但实际上，菲涅尔积分计算已经经过了高度优化，并默认集成在 Unity URP 和 HDRP 的 lit 着色器中。它为场景中的对象创造了额外的光照交互细节，因此，可以放心地在着色器中使用它。

尽管现在的效果已经非常出色了，但泡泡其实并不是完美的球体，因为它们的表面会因空气等外部因素的影响而不断地发生随机变形。

当通过噪声对球体进行变形时，关键是沿着顶点法线的方向进行操作。正如图 7-70 所示，球体的顶点法线从球体中心向外延伸。

图 7-70 球体顶点法线方向

利用利用信息,我们可以让顶点沿着法线的正负方向进行位移,以创造出多变的表面形态,如图 7-71 所示。

图 7-71 沿法线方向随机位移顶点

为了让每个顶点随机位移,可以利用噪声纹理,让它随时间的推移而滚动,从而使顶点沿法线方向移动。

现在，打开 bubble Shader Graph。我们将通过不断偏移顶点位置来让噪声纹理滚动起来，从而使顶点沿着各自的法线方向移动。具体步骤如下。

- 创建一个 Position 节点，并将 Space 设置为 Object。
- 创建一个 Time 节点和一个 Multiply 节点。
- 将 Time 节点的 Time(1) 输出连接到 Multiply 节点的 A(1) 输入，并将 B(1) 输入设为 0.1。这个值将决定变形的速度。
- 创建一个 Subtract 节点，将 Position 节点的输出连接到它的 A(3) 输入，将刚刚创建的 Multiply 节点的输出连接到它的 B(3) 输入。
- 创建一个 Simple Noise 节点，将 Scale(1) 的默认值设为 7.5。这个噪声将决定每个顶点的位移量。
- 最后，将 Subtract 节点的输出连接到 Simple Noise 节点的输入，如图 7-72 所示。

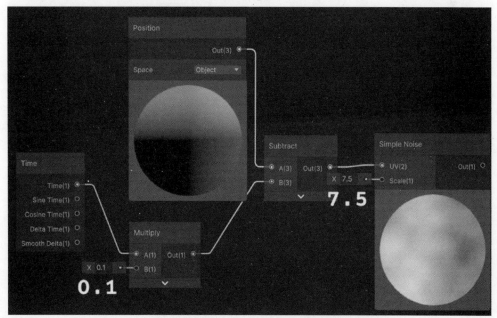

图 7-72 动态顶点位移的滚动噪声图案

接下来，我们将对顶点位移模式进行个性化调整。例如，可以使用 Subtract 节点来让噪声值与负值相加，如下所示。

- 创建一个新的 Subtract 节点，将其 A(1) 输入连接到 Simple Noise 节点的输出，并将 B(1) 的默认值设为 0.3。这样的设置能够让部分噪声值降至 0 以下，从而使顶点在法线上负向位移，使得球体表面呈现出更加自然的不规则形态。
- 现在，创建一个新的 Multiply 节点来控制位移幅度，将其 A(1) 连接的默认值设为 0.1，并将 B(3) 输入连接到 Subtract 节点的输出，如图 7-73 所示。

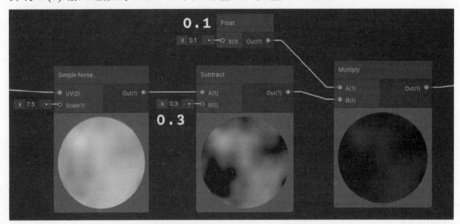

图 7-73　自定义顶点位移纹理

现在，我们已经将位移量以黑白纹理的形式准备好了，接下来需要创建一个方向与顶点的法线一致的 Vector3 向量，并将其应用到顶点位置上。具体步骤如下。

- 创建一个 Normal Vector 节点，并将 Space 设置为 Object。该节点将输出顶点的法线方向，稍后，我们将使用位移纹理来修改这一方向。
- 创建一个新的 Multiply 节点，将其 B(3) 输入连接到上一步创建的 Multiply 节点的输出，A(3) 输入连接到 Normal Vector 节点的输出。
- 这将输出一个方向与顶点的法线一致的 Vector3，但其振幅（amplitude）根据噪声纹理进行了调整。接下来，我们将把这个新的法线向量与顶点的当前位置相加，以移动顶点。
- 再创建一个 Position 节点，将其将 Space 设置为 Object，然后创建一个 Add 节点，将其 A(3) 输入连接到 Position 节点的输出，B(3) 输入连接到上一步创建的 Multiply 节点的输出。
- 最后，将 Add 节点的输出连接到 Vertex 块的 Position(3) 输入，以应用新的顶点位置，如图 7-74 所示。

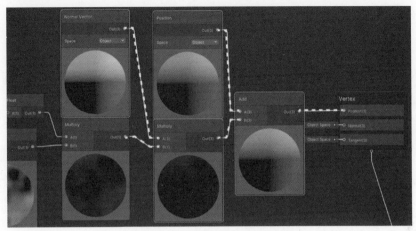

图 7-74 沿法线方向位移顶点

可以通过调整噪声的默认 Scale 值来改变变形的精度，还可以通过调整 Multiply 节点中的默认值来设置不同的位移速度或位移幅度。保存着色器资源后，就可以在场景中看到这种微妙的位移效果，如图 7-75 所示。

图 7-75 微妙的顶点位移效果

7.3 小结

这是迄今为止最复杂的一章，而你已经成功完成了！在本章中，我们学习了许多复杂的新工具和技术，比如使用 SubGraph 和深度纹理创建水体，使用 Voronoi 节点创建卡通风格的水面波纹等。

在制作 bubble 着色器的过程中，我们探索了各种与反射相关的知识，例如金属性工作流、反射探针和反射立方图，并学习了如何配置项目，以创建令人惊叹的反射效果。

此外，在创建复杂着色器的过程中，我们还灵活运用了在本书中学到的各种技术，比如动态图案生成和顶点位移。

在下一章，也是最后一章中，我们将学习如何制作可交互的雪，这是一种复杂的环境元素，当游戏角色在雪地上行走时，会留下脚印！

第 8 章 交互式雪地效果

本书已经利用各种技术和后期处理计算创建了许多精美的视觉效果。但是，有一个问题还亟待解决——用户如何与着色器交互，或者说，如何与 Shader Graph 中的值进行交互呢？

本章将制作一个交互式的雪地，当角色在上面行走时，雪地上会实时生成脚印（如图 8-1 所示）。为实现这一效果，我们将引入渲染纹理（render texture）的概念，此外，我们还将编写一个脚本，以通过键盘来控制角色在场景中的雪地上移动。这个复杂的效果需要用到许多技术和工具，因此值得专门用一章来深入探讨。

图 8-1 交互式雪地效果

接下来，我们将逐步分析创建这种有趣且引人入胜的效果需要遵循哪些步骤。

- 配置场景。
- 为角色赋予移动能力。
- 创建雪地 3D 对象。
- 创建交互式雪地着色器图。
- 与雪地进行交互。

8.1 配置场景

首先，打开本书一直在使用的模板项目：3D Sample Scene (URP)。接下来，需要调整一些道具的位置，以便更好地测试交互式雪地效果。具体步骤如下。

- 禁用 Example Assets 对象中的 Props 对象，因为这次用不到它。
- 将 WorkShopSet 对象的位置改为（2.5,0,-1.5）。WorkShopSet 对象包含多个面板和墙壁，为了优化场景布局，需要逐一调整其位置和旋转：
    - DrywallPanel：位置 =（0.5,0,-2.25）；旋转 =（0,-30,0）
    - Ground：位置 =（-3.70,0,-0.8）；旋转 =（0,0,0）；缩放 =（3,3,3）
    - OSB Panel：位置 =（0.75,0,5.5）；旋转 =（0,-130,0）
    - Stud Frame：位置 =（0,1.2,1.8）；旋转 =（0,0,0）
    - Stud Pile：位置 =（0,0,0）；旋转 =（0,0,0）
- 接着，如下调整 MainCamera 对象的位置和旋转：
    - 位置 =（2.7,2.5,3.5）
    - 旋转 =（19,200,0）
- 最后，可以实例化一个 3D 对象作为角色（最好是一个胶囊）并将其放置在场景中央，位置为（1.5,0.5,0.2）（如果使用的是胶囊，将其缩放设为（0.5,0.5,0.5））；将其命名为 CharacterObject。我的项目中使用的是 GitHub 项目中的兔子对象。

按照上述步骤操作后，应该会在场景中看到如图 8-2 所示的游乐场。

图 8-2 场景中的游乐场

通过这种方式修改模板场景后，就得到了一个带有清晰边界的游乐场，这里可以展示交互式雪地效果，并为角色提供了足够的移动空间。

唯一的问题是，如果使用胶囊作为角色，可能很难看出它的朝向。为了解决这个问题，可以为 CharacterObject 对象添加一些 3D 对象作为子对象，以指示它的朝向。根据之后将在脚本中进行的设置，角色会朝其局部 z 坐标轴的方向移动。因此，我们需要在 CharacterObject 对象表面朝向 z 轴的部分添加指示器，步骤如下。

- 如图 8-3 所示，请确保将 gizmo 设为局部坐标模式，以便在选中对象时识别它的局部 z 轴。

图 8-3 识别 Character 对象的局部 z 轴

- 创建任意 3D 对象作为 CharacterObject 的子对象。举例来说，可以添加一个圆柱体，并如下设置其 Transform 值：

- 位置：(0,0.4,0.5)
- 旋转：(90,0,0)
- 缩放：(0.3,0.3,0.3)
- 如此一来，CharacterObject 对象就有了一个指向 Z 轴的"鼻子"，使我们能够更方便地看出它的朝向，如图 8-4 所示。

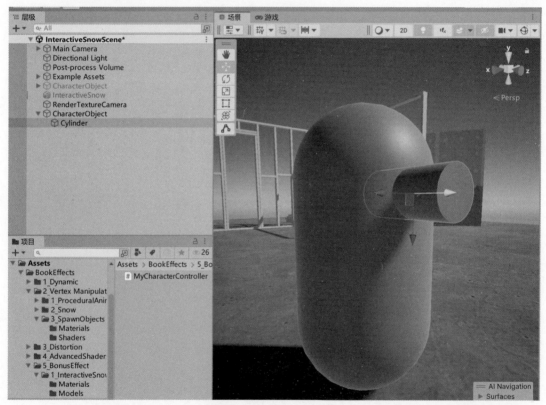

图 8-4 添加 z 轴方向指示器

- 可以根据自己的喜好自由地调整 Character 对象的外观。记住，它是游戏主角的化身。在这里，我使用的是兔子模型，它正确地面朝着 z 轴的方向（图 8-5）。注意，包括兔子模型在内的所有资源都可以在本书的 GitHub 存储库中找到。

图 8-5 兔子模型

现在,"游乐场"已经准备就绪了,接下来要做的是赋予角色移动的能力,让玩家能够通过键盘上的 W 键、S 键或者上下箭头键来控制角色前进和后退,使用 A 键、D 键或者左右箭头键来让角色绕其 y 轴旋转,从而改变方向。

8.2 赋予角色移动能力

为了使这个效果具有交互性,需要通过键盘来控制角色在场景中的移动。为了做到这一点,需要——是的,你猜对了,需要创建一个脚本。"等等!代码或枯燥的脚本并不是本书的主题吧?"嗯,的确如此,我保证,这将是我们第一次也是最后一次编写脚本。在正式开始编写脚本之前,需要先设置好 IDE。

8.2.1 设置 IDE

IDE 是 Integrated Development Environment（集成开发环境）的缩写，换句话说，它是用于编写代码并开发游戏功能的程序，常见的代码编辑器包括 Visual Code、Visual Studio、Rider 等。每个编辑器都有各自的优缺点，当然，对于各个编辑器孰优孰劣的看法也因人而异。

本例将使用 Visual Studio Community，因为这是 Unity 官方推荐使用的 IDE，并且它是免费的。不过，如果已经安装并配置了自己喜欢的 IDE，完全可以跳过本节，直接使用它。

第 3 章介绍了安装 Unity 编辑器的过程，在其中的一个步骤中，Unity Hub 会询问是否要安装其他模块，并提供可安装模块的选项，如图 8-6 所示。

■说明：若想安装新的 Unity 版本或为已经安装的 Unity 版本添加模块，请打开 Unity Hub，单击左侧的"安装量"选项。选择要安装的版本后，Unity 会询问需要添加哪些模块；或者，可以单击已安装版本右侧的齿轮按钮，选择"添加模块"为该版本添加新特性。

图 8-6 安装 Visual Studio Community 2019

交互式雪地效果

单击界面右下角的"安装"按钮，即可安装或更新所需的 Unity 版本以及选定的模块；这里要安装的是 Visual Studio 2019。

接下来，Visual Studio 的安装程序会弹出一个窗口，询问是否要安装任何扩展（workload）。这里需要勾选与 Unity 编程相关的选项，以便启用调试等功能，如图 8-7 所示。

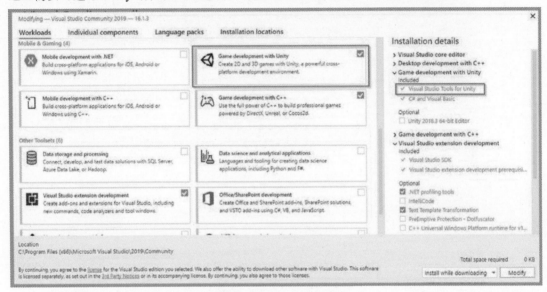

图 8-7 添加 Unity 扩展

接着，单击 Modify/Install 按钮，等待所有内容安装完毕。

成功在电脑上安装 IDE 后，还需要在 Unity 的首选项中调整一些设置，具体步骤如下。

- 在 Unity 菜单栏中选择"编辑"➤"首选项"，如果使用的是 Mac 系统，则选择 Unity ➤"首选项"或使用快捷键 Cmd + ','。
- 在左侧的选项卡中单击"外部工具"，会看到类似图 8-8 的界面。
- 展开第一个设置"外部脚本编辑器"的下拉菜单，选择 Visual Studio 2019，如图 8-9 所示。如果没有对应的选项，但确定自己已经按照之前的步骤安装了 Visual Studio，就请尝试重启 Unity。

现在，编写脚本所需的准备工作已经完成，可以开始创建角色移动功能了。

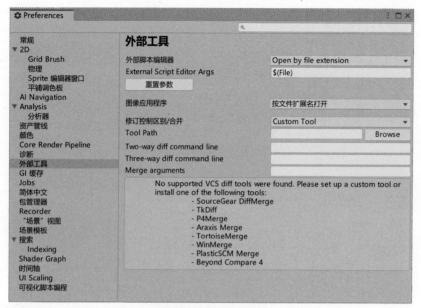

图 8-8 外部工具选项卡

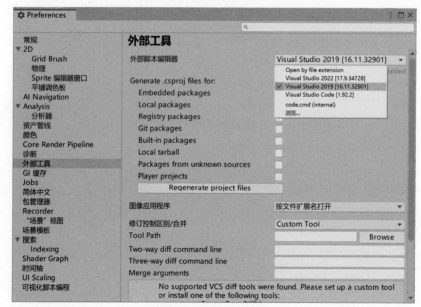

图 8-9 配置外部工具

8.2.2 创建角色移动脚本

层级或场景中的游戏对象上附加的所有组件（如 Transform、MeshRenderer、MeshFilter、Reflection Probe 等）本质上都是脚本，它们赋予了游戏对象特定的功能。这些脚本同时运行，赋予对象在游戏中的独特行为。

在本例中，我们将创建一个脚本，使玩家能够通过键盘按键（W 键、A 键、S 键、D 键和方向键）来移动 CharacterObject 游戏对象。

在"项目"选项卡中的空白处单击鼠标右键，选择"创建"▶"C# 脚本"。Unity 会在当前文件夹中生成一个脚本，并允许我们为它命名。将其命名为 MyCharacterController，如图 8-10 所示。

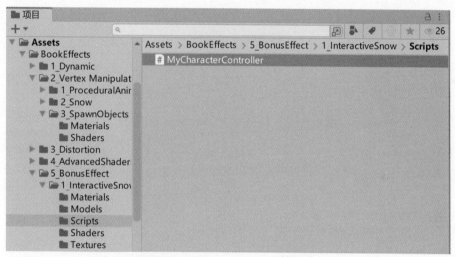

图 8-10 MyCharacterController 脚本

双击 MyCharacterController 脚本，Visual Studio 将启动并展示脚本中的代码。可以看到，脚本中包含着默认的 Start 函数和 Update 函数，如图 8-11 所示。

这些默认函数会在对象的"生命周期"中的特定时刻执行。简单来说，Start 函数会在带有此脚本的游戏对象被实例化到场景中后调用一次，而当对象存在且被启用时，Update 函数每帧都会被调用一次。

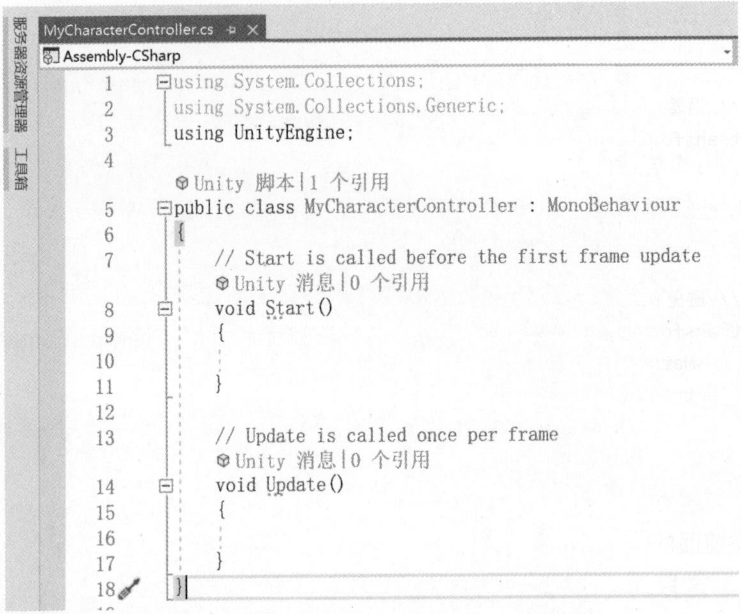

第 8 章

图 8-11 空白的 MyCharacterController 脚本

在本例中，我们将删除 Start 方法，并在 Update 函数中添加代码，持续读取玩家的输入，并根据这些输入来更改对象在场景中的位置和旋转。现在，请用以下代码来替换脚本文件中的现有内容：

```
using UnityEngine;
public class MyCharacterController : MonoBehaviour
{
    // SerializeField 特性让我们能够在 Unity 编辑器中调整这些变量
    [SerializeField] float speed = 5.0f;
    [SerializeField] float rotationSpeed = 300.0f;

    void Update()
    {
        // 获取水平和垂直轴的输入
        // 默认情况下，它们会映射到方向键
        // 输入的值范围是 -1 到 1
```

```
    var translation = Input.GetAxis("Vertical") * speed * Time.deltaTime;
    var rotation = Input.GetAxis("Horizontal") * rotationSpeed * Time.deltaTime;

    // 沿着对象的 z 轴移动
    transform.Translate(0, 0, translation);

    // 围绕 y 轴旋转
    transform.Rotate(0, rotation, 0);

    // 避免对象离开摄像机的视野范围
    transform.position = new Vector3(
        Mathf.Clamp(transform.position.x, -4, 3),
        transform.position.y,
        Mathf.Clamp(transform.position.z, -9, 0.5f));
    }
}
```

每行代码前面的注释都说明了它们的作用，不过，让我们再来快速回顾一下。

- 首先，这段代码定义了用于设定移动和旋转速度的属性（property）并使用了 SerializeField 特性（attribute），以便开发人员可以直接在编辑器中调整这些属性的值。
- 其余的代码位于 Update 函数中，这意味着这些代码每帧都会被执行一次。
- translation 和 rotation 值通过读取键盘输入来更新，分别对应垂直方向（前后移动）和水平方向（左右旋转）。
- 垂直方向的输入值将存储在 translation 变量中，而水平方向的输入值决定了对象的旋转。
- transform.Translate() 函数用于按指定的距离和方向移动对象。Vector3 表示对象在局部坐标系中的移动方向和模长（magnitude），而 Time.deltaTime 则会根据帧率调整移动距离，确保移动平滑进行。
- transform.Rotate() 函数根据指定的欧拉角来旋转对象。欧拉角表示对象绕每个坐标轴（x,y,z）旋转的角度（以度为单位）。这里使用的 Vector3 定义了对象在垂直轴（y 轴）上的旋转。
- 最后，这段代码使用 Mathf.Clamp() 来限制对象的位置，以确保它不会超出场景的边界。

修改脚本后，使用快捷键 Ctrl+S（在 Mac 电脑上是 Cmd+S）或通过"文件"▶"保存"来保存脚本。现在，脚本已经准备就绪了，可以通过以下两种方式将其附加到"场景"视图中的 CharacterObject 游戏对象上：

- 将脚本资源从"项目"选项卡拖放到"层级"选项卡中的 CharacterObject 游戏对象上。
- 选中 CharacterObject 游戏对象,然后将脚本资源从"项目"选项卡拖放到"检查器"中。选中对象后,可以在"检查器"底部看到"添加组件"按钮,单击它并搜索 CharacterController。单击搜索到的组件,它将自动附加到对象上,如图 8-12 所示。

图 8-12 附加到游戏对象上的脚本

可以看到,脚本暴露了两个变量,随时可以在编辑器中更改它们的默认值。对我来说,这些默认值已经很合适了,但你可以根据需要调整它们,以实现更流畅和舒适的移动体验。这两个变量分别如下。

- 速度 = 5:定义对象的移动速度。
- Rotation Speed(旋转速度)= 300:定义对象围绕其 y 轴旋转的速度。

如此一来,玩家就可以在场景中操控对象移动了。单击 Unity 编辑器顶部的"播放"按钮,然后使用键盘移动对象!是不是很有趣?我们已经让玩家角色"活"过来了。

现在,角色已经可以根据玩家的输入在场景中移动了,接下来要创建一个平面,并通过一个特殊的着色器,让这个平面变成雪地。

8.3 创建雪地平面 3D 对象

使用 Unity 默认提供的平面明明非常简单方便，为什么还要专门创建一个新的平面对象呢？如果观察 Unity 默认平面的拓扑结构（topology）[①]，会发现它的细节非常有限，只有相当少的几个顶点和多边形，如图 8-13 所示。

平面
网格
121 个顶点，200 个三角形|UV1
库/Unity 默认资源

图 8-13 Unity 默认提供的平面网格

在大型场景中变形平面以模拟雪地或操控角色与雪地交互时，如果使用这种低细节的网格，最终效果会显得非常粗糙和不自然。图 8-14 展示了使用默认的平面网格和细节更多的拓扑结构的效果对比。

如图 8-14 所示，两者之间的差异非常明显，这就是为什么有必要创建一个包含更多顶点和多边形的新平面网格。需要注意的是，使用太多顶点和多边形会增加 GPU 的工作负荷，因为 GPU 负责渲染这些元素。在开发游戏的过程中，需要时刻保持细节和性能的平衡。

---

① 译注：拓扑结构定义了网格中元素（顶点、边、面）的排列和结构。

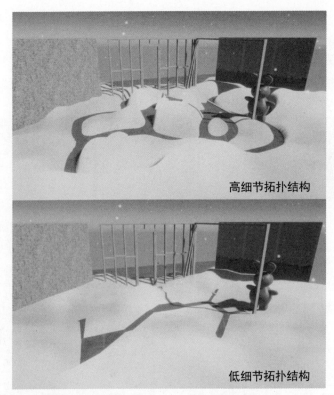

图 8-14 高细节平面（上）和低细节平面（下）

8.3.1 创建细分平面

和往常一样，可以直接在本书的 GitHub 存储库中找到平面对象，路径为 Assets ➤ Book Effects ➤ 5_Bonus Effect ➤ 1_Interactive Snow ➤ Models ➤ Subdivided Plane。它可以用在交互式雪地效果中，也可以用在自己的项目中。

虽然有很多技术可以用来生成额外的拓扑结构，如细分曲面着色器（tessellation shader），但这些内容较为复杂，超出了本书的讨论范围。接下来会讲解如何在 Blender 中创建一个细分平面，以便根据需要调整平面的细节丰富程度。

首先，从 Blender 官网[①] 下载并安装 Blender。打开 Blender 后，你可能会对界面中显示的大量设置和选项不知所措，即便现在只有一个简单的立方体，如图 8-15 所示。

---

① https://www.blender.org/

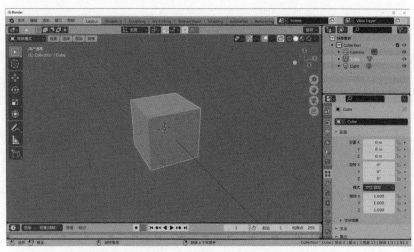

图 8-15 Blender 用户界面

现在，选中右上角的"场景集合"选项卡中的所有对象并单击 Delete 键，以删除它们。完成这一操作后，场景中应该会空无一物。

接下来，按以下步骤创建一个平面对象。

- 按快捷键 Shift + A，这将在光标处打开"添加"菜单。
- 选择"网格"➤"平面"，在场景中创建一个平面对象，如图 8-16 所示。

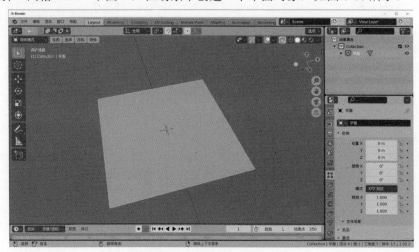

图 8-16 Blender 中的平面对象

- 通过在布局视图右上角将"视图着色方式"切换为"线框"模式,可以查看 Blender 中的对象拓扑,如图 8-17 所示。

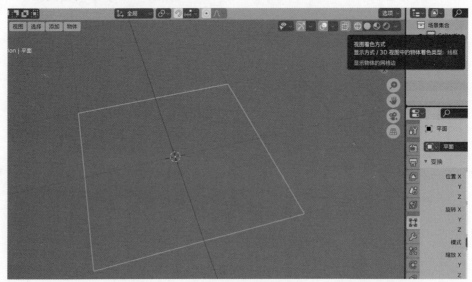

图 8-17 切换到线框模式以查看平面拓扑

这个平面由一个四边形(实际上是两个三角形)组成,它的细节比 Unity 中的默认平面还要少。我们需要大幅提升它的拓扑细节。为了细分平面,需要为对象应用修改器。修改器是一种工具,用于对对象的拓扑结构执行特定操作。在本例中,我们将使用"表面细分"修改器,它将显著增加网格的细节。现在,请按以下步骤操作。

- 选中平面对象,在"场景集合"选项卡下方的菜单中找到"修改器属性"选项卡,它的图标是一个扳手,如图 8-18 所示。
- 单击"添加修改器"下拉列表以展开,从中选择"表面细分",如图 8-19 所示。

图 8-18 "修改器属性"选项卡

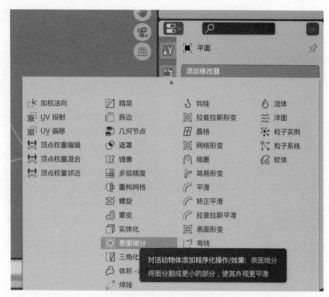

图 8-19 表面细分修改器

添加此修改器后,平面会变成如图 8-20 所示的多边形,但这并不是我们想要的效果。

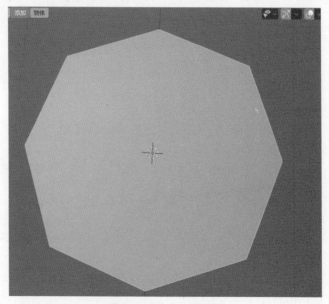

图 8-20 细分后的平面

之所以会出现这种情况，是因为修改器计算了旧顶点之间的中点，并在中点上生成了新的顶点。在实现平滑的、曲线型的拓扑结构时（例如树木、波浪、汽车），这种方法非常有用，但在本例中，这不是我们想要的。因此，请进入曲面细分修改器设置界面（也就是创建修改器的位置），并单击"简单型"，如图 8-21 所示。

更改"视图层级"可以增加平面拓扑的细节水平。我建议将这个值设为 7（图 8-22），这将显著增加原始网格的顶点数量。请注意，请注意，细分层级提高会导致顶点数量增多，进而导致内存消耗增多（包括系统内存和显存）。如果内存不足，Blender 可能会卡顿甚至崩溃。

将"视图层级"的值设为 7 后，可以通过修改器设置右上角的下拉菜单来应用此修改器，如图 8-23 所示。

现在，如果切换到线框模式，就会看到平面从一个四边形拓扑变成了数百个四边形，如图 8-24 所示。

现在，平面对象已经准备就绪，可以导出为 FBX 文件以在 Unity 项目中使用了。请按以下步骤操作。

- 首先，确保已选中平面对象（被选中时，它会显示橙色的轮廓）。
- 双击"场景集合"选项卡中的平面对象，将其名称更为 Subplane。

在 Blender 用户界面左上角选择"文件"▶"导出"▶ FBX(.fbx)。这时会弹出一个用于设置导出选项的窗口，如图 8-25 所示。

图 8-21 简单型细分计算

图 8-22 将视图层级设为 7

图 8-23 应用修改器

交互式雪地效果 ■■■ 287

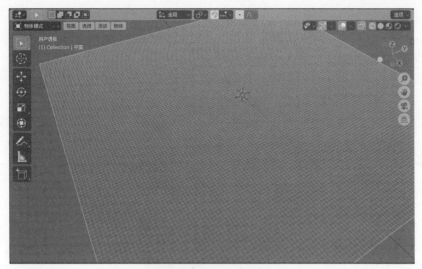

图 8-24 细分后的平面

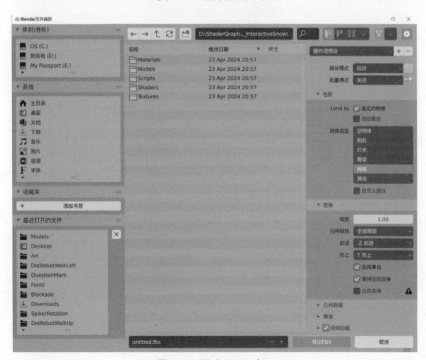

图 8-25 导出 FBX 窗口

在该窗口的顶部中间部分可以设置保存 FBX 资源的目标文件夹，建议选择 Unity 项目的 Assets 文件夹中的任意位置。在窗口的底部中间位置可以为 FBX 文件命名，我将其命名为 SubdividedPlane.fbx。

为了确保资源能够与 Unity 的坐标系统兼容，需要调整一下窗口右侧的几个设置，请参见图 8-26。

调整好所有设置后，单击"导出 FBX"按钮，FBX 文件将被保存在选定的文件夹中，可以在 Unity 中使用。

如果对建模感兴趣并且想学习如何使用 Blender，《Blender 官方手册》[1]将是一份宝贵的学习资源，同时，互联网上也有许多信息和教程可供参考，因为 Blender 是目前最容易上手的 CAD 软件之一。

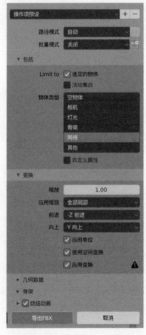

图 8-26 导出 FBX 窗口

8.3.2 将平面导入 Unity

打开 Unity 项目，并加载本章的 8.1 节设置的场景。

---

[1] https://docs.blender.org/manual/en/latest/

如果没有将 FBX 文件存储在项目的 Assets 文件夹中，只需要像第 5 章处理鱼和长凳模型那样，将该文件从所在文件夹拖到"项目"选项卡中的任意处。

将 FBX 文件从"项目"选项卡拖放到场景或"层级"选项卡中，如图 8-27 所示。

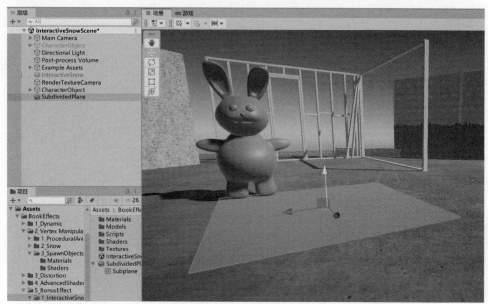

图 8-27 导入细分平面

现在，将其名称改为 InteractiveSnow，并如下设置 Transform 组件的值：

- 位置：（0,-0.01,0）
- 旋转：（0,0,0）
- 缩放：（6.5,6.5,6.5）

设置完毕后，应该会在场景中看到如图 8-28 所示的平面。

接下来，为了在 InteractiveSnow 对象上创建细腻而真实的雪地效果，我们将把注意力转回本书的重点——Shader Graph。

■说明：可以看到，InteractiveSnow 对象位于地面之内。着色器将应用垂直方向的变形，从而创建具有体积感的雪地，这意味着雪会移到地板上方。这样设置位置值可以使得玩家在雪地中行走时体验到更逼真的效果。

图 8-28 设置完毕后的细分平面

8.4 创建交互式雪地 Shader Graph

本节将为细分平面对象创建一个 Shader Graph，以显示松软洁白的雪地。首先，让我们创建 Shader Graph 和相应的材质。

8.4.1 Shader Graph 设置

按照以下步骤创建 Shader Graph 和材质。

- 右键单击"项目"选项卡中的空白处，选择"创建"➤ Shader Graph ➤ URP ➤"光照 Shader Graph"，并将新创建的 URP 光照 Shader Graph 命名为 InteractiveSnowShader。
- 右键单击"项目"选项卡中的 InteractiveSnowShader 资源，选择"创建"➤"材质"，从而创建一个引用此着色器的新材质。
- 最后，将新创建的材质资源从"项目"选项卡拖放到层级或场景中的 InteractiveSnow 对象上，以将其应用到对象的 Mesh Renderer 组件上。

目前为止，场景的外观还没有什么变化。接下来，我们的任务是调整 Shader Graph 通过修改 InteractiveSnow 对象的顶点，使它们在垂直方向上产生位移，进而呈现出类似雪地的视觉效果。

8.4.2 利用噪声进行位移

就像第 5 章的积雪效果中所做的那样，我们将使平面的顶点沿着垂直轴位移，以创造自然的雪地形状。

为了在平面上创建不规则且高低起伏的雪地位移效果，我们将使用 Simple Noise 节点生成的噪声纹理，并将其黑白渐变值转换为位移量。这种用于控制顶点位移的纹理通常被称为位移贴图或位移纹理。

现在，打开刚刚创建的 InteractiveSnow 着色器，按照以下步骤操作。

- 首先，创建一个 Simple Noise 节点，将默认的 Scale(1) 值调低至 50，这样可以降低纹理的分辨率，生成更柔和的图案。
- 拖动 Simple Noise 节点的输出以新建一个 Multiply 节点，连接到它的 B(1) 输入。
- 创建一个 Float 输入节点，将其命名为 SnowAmount 并作为属性公开，默认值设为 0.2，并将其连接到 Multiply 节点的 A(1) 输入，如图 8-29 所示。

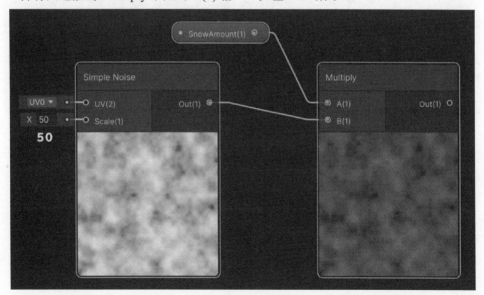

图 8-29 用于控制噪声影响程度的 Simple Noise 节点和 Multiply 节点

上述乘法操作和属性将控制噪声纹理对顶点位移的影响程度。如果值小于 1（就像现在这样），纹理的影响就会降低，从而创造出更加细腻的效果。

接下来，就像之前做的那样，我们会将位移信息存储在 Vector3 中，并使用 Multiply 节点的输出来填充想要位移的坐标，具体步骤如下。

- 创建一个 Vector3 节点，将其 Y(1) 输入连接到 Multiply 节点的输出。
- 创建一个 Position 节点，将 Space 设为 Object，以便获取原始平面网格顶点的局部位置。
- 创建一个 Add 节点，将其输入分别连接到 Vector3 节点的输出和 Position 节点的输出。
- 最后，将 Add 节点的输出连接到 Main Stack 中 Vertex 块的 Position 输入，如图 8-30 所示。

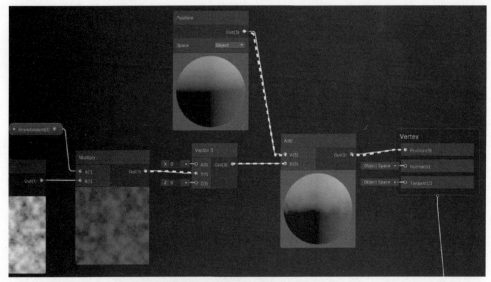

图 8-30　将噪声位移应用到平面网格的顶点上

保存资源并返回"场景"视图后，会发现 InteractiveSnow 对象的顶点根据 SnowAmount 属性沿着噪声纹理发生了位移，如图 8-31 所示。

虽然雪地的位移效果已经实现了，但这里还缺少一个重要的元素：颜色。当前的雪地是灰色的，并且缺乏体积感。虽然可以看出顶点发生了位移，但很难辨别位移的深度。接下来，让我们为 Simple Noise 纹理添加颜色和一些体积感。

图 8-31 雪地的顶点位移

8.4.3 为雪地添加颜色和遮蔽效果

本节将使用 Simple Noise 节点添加一些颜色和遮蔽效果,具体步骤如下。

- 新建一个 Simple Noise 节点,同样将 Scale(1) 的默认值设为 50。虽然也可以使用之前创建的 Simple Noise 节点,但这会使 Shader Graph 的连接更加混乱,具体如何选择取决于你。
- 拖动 Simple Noise 节点的输出以新建一个 Add 节点,并将 Simple Noise 节点的输出连接到 Add 节点的 B(1) 输入。
- 将 Add 节点 A(1) 的默认值设为 0.3。通过将正值与纹理相加,可以稍微提亮纹理中较暗的部分,避免纹理中暗部和亮部之间的对比过于强烈。
- 最后,将这个 Add 节点的输出连接到 Fragment 块的 Base Color 输入,如图 8-32 所示。

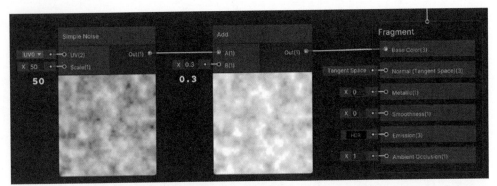

图 8-32 雪地的颜色

保存资源并返回"场景"视图,会看到白茫茫的一大片、厚厚的新雪,如图 8-33 所示。

图 8-33 雪地着色器

效果很不错!现在雪地着色器已经创建好了,但在单击"播放"按钮并移动角色时,雪地没有任何变化,也没有出现任何脚印。接下来,为了让游戏角色能够在雪地上留下脚印,我们将额外做一些配置。

8.5 与雪地交互

首先，明确一下想要的交互效果。理想情况下，角色踩到的雪应该下沉并消失，就像角色在雪地上走出了一条路一样。

由此可以推断，角色的路径需要以某种方式记录下来，生成一个纹理，随后，这个纹理将被用作反向遮罩来修改位移纹理。可以把这个过程想象成在用于顶点位移的噪声纹理中画一条黑线（如图 8-34 所示），这样黑线部分的顶点就不会受纹理影响，而是会保持在原始位置，也就是地板下方。

为了实现这种实时的遮罩效果，需要将角色的路径记录到一个纹理中，并在着色器中将该纹理用作遮罩。但是，如何才能实时记录路径并将其转换为纹理资源呢？

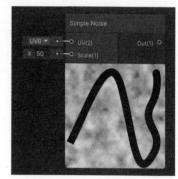

图 8-34 应用了遮罩的雪地纹理

8.5.1 使用渲染器纹理

Unity 中的渲染器纹理是一种特殊的资源，可以捕捉摄像机的输出并将其用作游戏中的纹理。它常用于创建高级视觉效果或 3D UI 图标等等。利用这种技术，我们可以将摄像机拍到的内容实时记录到纹理中，并将该纹理用作之前提到的反向遮罩，使部分顶点不发生位移。

设置实时渲染器纹理的步骤如下。

- 首先，单击"项目"选项卡中的任意位置，选择"创建"➤"渲染器纹理"（不要错选成"自定义渲染器纹理"），以创建一个渲染器纹理。将其命名为 RT_Snow。
- 选中 RT_Snow 资源，在"检查器"选项卡中可以看到一系列设置。为了提高渲染器纹理的质量，使角色的路径更加清晰，需要将尺寸从 256×256 更改为 512×512，如图 8-35 所示。

图 8-35 渲染器纹理设置

接下来，我们要创建另一个摄像机，用于捕捉角色的移动路径并将其记录在渲染器纹理中。请按以下步骤操作。

- 在"层级"选项卡中的空白处单击鼠标右键，选择"摄像机"，将其命名为 RenderTextureCamera。
- 现在，选中摄像机，在"检查器"中对其组件进行一些修改。首先，找到"检查器"底部的 Audio Listener 组件并删除它，因为 Main Camera 已经包含这个组件。
- 然后，在 Camera 组件中找到"输出"一栏，其中的第一个属性可以引用渲染器纹理资源。将 RT_Snow 资源拖放到这个槽，如图 8-36 所示。
- 最后，RenderTextureCamera 的位置和旋转值分别如下设置：
  - 位置：（0,10,0）
  - 旋转：（90,180,0）

图 8-36 用作 Camera 组件的输出纹理

现在，RenderTextureCamera 会从上方俯视场景，非常适合用来记录角色在雪地上的移动路径，如图 8-37 所示。

接下来，为了准确记录角色的路径，需要避免受到摄像机默认的锥形透视的影响。为了实现这一点，请按照以下步骤操作。

- 在 RenderTextureCamera 的 Camera 组件中找到"投影"一栏，将投影模式从"透视"改为"正交"，如图 8-38 所示。

图 8-37 从上方拍摄雪地和角色的 RenderTextureCamera

■ **说明：** 锥形透视是一种视觉效果，其中，越远的物体看起来越小，并且它们最终会汇聚在消失点（vanishing point）。

如图 8-39 所示，摄像机视口已经变成了棱柱形，能够精确记录角色的路径。

图 8-38 设置正交投影

图 8-39 正交视口 Gizmo

- 如果单击"场景"视图右上角的坐标 Gizmo 的 y 轴，将能够以俯视角查看场景，这与摄像机的视角类似。不过，如图 8-40 所示，视口并没有覆盖整个雪地。原因在于，平面的大小是 6.5 个单位，而视口的大小是 5 个单位。为了解决这个问题，请在投影设置下将"大小"从 5 改为 6.5，如图 8-41 所示。

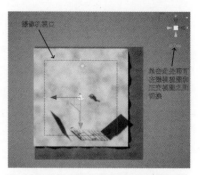

图 8-40 视口的大小未完全覆盖雪地

图 8-41 将视口大小更改为 6.5

- 调整后，视口将完全覆盖整个雪地，如图 8-42 所示。

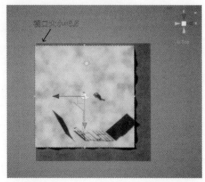

图 8-42 调整后的视口完全覆盖了 InteractiveSnow 对象

- 单击"播放"按钮并选中 RT_Snow 资源，在检查器中可以观察到，纹理正随着渲染器纹理摄像机捕捉的每一帧画面而更新，如图 8-43 所示。

很好！我们已经成功设置了渲染器纹理，以记录渲染摄像机捕捉到的画面。但是，我们只想记录角色的路径，不想捕捉场景中的其他元素。那么，如何实时可视化角色路径并过滤掉摄像机捕捉到的无关元素呢？

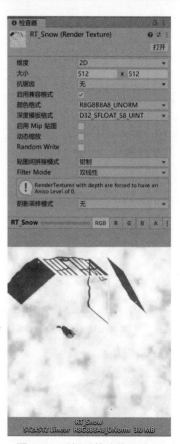

图 8-43 更新后的渲染器纹理

8.5.2 绘制角色的移动路径

在上一节中,我们完成了许多准备工作,能够记录角色在雪地表面的移动并将这些画面打印到渲染器纹理中。本节将创建一个"画刷",这将是一条简单而模糊的白色路径,摄像机只会捕捉到这条路径,而不会捕捉其他元素。可以将它想象成角色留在雪地上的一条虚拟轨迹,这条轨迹只有摄像机能看到。

创建轨迹的方式有许多,而这次要使用的是粒子系统。我们可以让粒子系统在角色移动时持续发射粒子。现在,按照以下步骤将粒子系统设为 CharacterObject 的子对象,这样当玩家穿过雪地时,就会在地上留下一条轨迹。

图 8-44 画刷粒子系统

右键单击该层级中的 CharacterObject 对象,选择"效果"▶"粒子系统"。这将创建一个粒子系统作为 CharacterObject 的子对象,将其命名为 BrushParticles,如图 8-44 所示。

接下来,为了使粒子系统看起来像玩家移动时留下的轨迹,需要调整一些参数,如下所示。

- 主模块和发射模块,参见图 8-45。
- 持续时间 = 10:这将增加粒子的存续时间,使角色踩过的雪地保持下沉更久。
- 起始速度 = 0:确保粒子没有起始速度,不会向外飘动。
- 起始大小 = 2:定义粒子的大小,应与角色的大小匹配。
- 模拟空间 = 世界:确保粒子在生成后保持静止,不会跟随角色移动。
- 随单位时间产生的粒子数 = 0:发射器未移动时,不应该生成粒子。

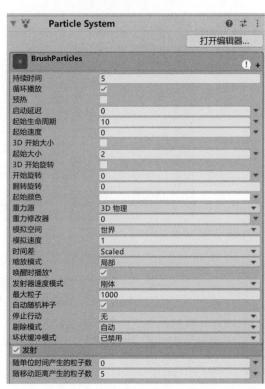

图 8-45 主模块和发射模块的设置

- 随移动距离产生的粒子数 = 5：每移动一个单位距离生成 5 个粒子。
- 形状模块，参见图 8-46。
  - 形状：设为"边缘"，以便将其缩小到空间中的一个点。
  - 半径：设为最小值，以确保粒子在完全相同的位置生成。
- 渲染器模块，参见图 8-47。
  - 渲染模式：设为"水平广告牌"，这将使粒子将始终朝向上方，也就是渲染器纹理摄像机所在的位置。

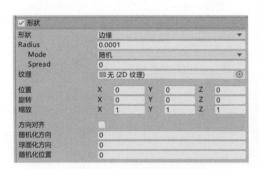

图 8-46 形状模块的设置

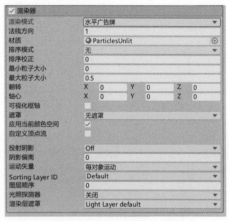

图 8-47 渲染器模块的设置

通过这些设置，粒子系统将能够生成一条粒子轨迹，这条轨迹会根据角色的移动而显示，并且粒子会在发射器（粒子系统）的当前位置生成。

通过调整粒子的大小，可以调整"画刷"效果的大小。粒子始终朝向上方，以便渲染器纹理摄像机捕捉。创建这个画刷的目的是绘制角色的行走路径。

在"层级"选项卡中暂时禁用 InteractiveSnow 对象，单击"播放"按钮，看看角色在雪地上行走时是如何留下粒子，绘制出一条路径的，如图 8-48 所示。完成这次实验后，记得启用 InteractiveSnow 对象。

路径已经可以正确绘制了，但为了更高效地使用遮罩，这条轨迹最好是纯白色的。为此，需要为粒子创建一个新材质，步骤如下：

- 在"项目"选项卡的任意位置单击鼠标右键，选择"创建"➤"材质"，并将其命名为 RT_BrushMaterial。这样会创建一个默认的光照材质，稍后，我们会更换它引用的着色器。

- 选中材质资源,找到"检查器"顶部的 Shader 下拉设置,它可以更改此材质加载的着色器。
- 在 Shader 设置下拉菜单中选择 Universal Render Pipeline / Particles / Lit。这将为 Unity 项目中的粒子应用默认的光照着色器。
- 现在,"检查器"中会出现一些新的设置,需要进行的更改如下:
  - 表面类型 = Transparent
  - 混合模式 = Additive
  - 在"表面输入"下拉菜单中,单击"基础贴图"左边的圆形搜索按钮,搜索并加载 Default-Particle 纹理,如图 8-49 所示。

图 8-48 角色行走时绘制的路径

图 8-49 RT_Brush 材质

Base Map 纹理将定义画刷的强度和形状。可以使用自己喜欢的纹理,也可以自行创建纹理,以实现不同的足迹效果。

现在,将 RT_BrushMaterial 资源拖放到"层级"选项卡中的 BrushParticles 对象上,以将该材质应用到渲染器模块中的"材质"属性上,检查以下 BrushParticles 的渲染器模块是否引用了该材质,如图 8-50 所示。

再次单击"播放"按钮,可以看到现在的粒子更加明亮、洁白,并且粒子之间不再有明显的边界,如图 8-51 所示。

这里的关键在于将 RT_BrushMaterial 的混合模式设为 Additive。这种混合模式是一种渲染技术，通过将对象的颜色值相加来使粒子的颜色信息相互叠加，从而生成更加清晰、没有明显边界的路径。

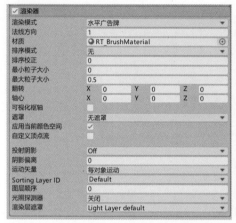

图 8-50 在 BrushParticles 的渲染器模块中加载材质　　　图 8-51 更清晰的路径

8.5.3 仅记录角色的移动路径

我们已经成功使用粒子系统和自定义材质绘制了角色的移动路径，接下来，我们的目标是让渲染器纹理摄像机忽略场景中的其他元素，仅记录这条路径。

8.5.3.1 为粒子添加新的剔除遮罩

在"层级"选项卡中选择 BrushParticles 对象。"检查器"顶部有一个"图层"下拉菜单，默认设为 Default。这个变量用于为对象指定一个分类图层，程序员可以使用利用图层来过滤不同类别的对象。接下来，我们将为粒子系统创建一个新层，以便渲染器纹理相机进行过滤，具体步骤如下：

- 在选中 BrushParticles 对象的情况下，展开"检查器"中的"图层"下拉菜单。
- 单击下拉列表中的最后一个选项"添加图层"。
- 现在，"检查器"将展示项目中所有可用的图层，如图 8-52 所示。

图 8-52 图层界面

选一个未被使用的空白层，我选择了 User Layer 6。在该层右侧的空白处输入 SnowPainter，如图 8-53 所示。

图 8-53 设置自定义层

现在，再次选中 BrushParticles 对象，并在"图层"下拉列表中选择刚刚创建的 SnowPainter 层，如图 8-54 所示。

很好！我们成功地将 BrushParticles 归入了 SnowPainter 类别。如此一来，其他组件（如 Camera 组件）就可以通过类别来筛选对象。

图 8-54 选择 SnowPainter 层

8.5.3.2 更新渲染器纹理相机的剔除遮罩

在 RenderTextureCamera 游戏对象的 Camera 组件中找到"渲染"一栏，其中包含一个"剔除遮罩"下拉列表。展开这个下拉列表，可以看到，看到所有可用的层都被勾选了。现在，取消勾选其他层，仅选择刚刚创建的 SnowPainter 层，如图 8-55 所示。

这将确保只有属于 SnowPainter 层的元素会被 RenderTextureCamera 捕获，场景中的其他元素都将被忽略。

最后，请检查 RenderTextureCamera 的 Camera 组件中"环境"一栏，确保"背景类型"设为"纯色"，并将背景设为纯黑色（R = 0, G = 0, B = 0, A = 0），如图 8-56 所示。

完成所有这些设置后，再次单击"播放"按钮。尝试移动角色，看看之前创建的 RT_Snow 纹理是否成功记录了角色的路径，如图 8-57 所示。

图 8-55 过滤 SnowPainter 层

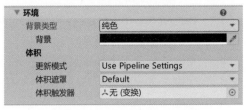

图 8-56 背景类型和背景设置

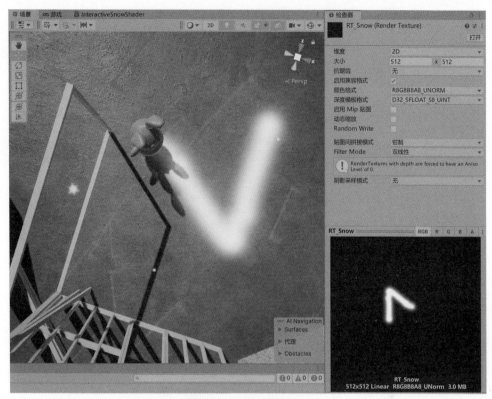

图 8-57 最终渲染器纹理

■说明：渲染器纹理不会实时更新在预览图中；在移动角色后，可能需要稍等片刻，才能在渲染器纹理中看到路径被绘制出来。

太棒了！渲染器纹理为着色器创建了完美的遮罩，它精确地绘制出了角色的路径纹理，形成了一条清晰的轨迹，并且忽略了场景中的其他对象。

8.5.4 更新 Main Camera 的剔除遮罩

现在还剩下一个问题：我们不想在游戏过程中看到这条轨迹，因此，我们需要采取和之前处理 RenderTextureCamera 时相反的操作，在 Main Camera 对象的 Camera 组件中过滤掉 SnowPainter 图层中的对象，如图 8-58 所示。

图 8-58 使 Main Camera 忽略 SnowPainter 图层

终于搞定啦！我们创建了一个漂亮的动态纹理，它将在下一节中被用作遮罩，以筛选那些将被着色器位移的顶点。现在，请启用 Interactive Snow 对象。

8.6 将渲染器纹理用作位移遮罩

像处理其他纹理一样，我们可以在 Shader Graph 中访问 RT_Snow 纹理的颜色信息。接下来，请按照以下步骤将它添加到 InteractiveSnowShader 中。

- 双击打开 InteractiveSnowShader 资源。
- 创建一个 Sample Texture 2D LOD 节点。该节点允许我们将纹理的颜色信息输出连接到 Vertex 块中的节点。

交互式雪地效果 ■■■ 305

- 将 RT_Snow 纹理从"项目"选项卡拖放到 Sample Texture 2D LOD 节点的 Texture(T2) 输入的默认值中，如图 8-59 所示。

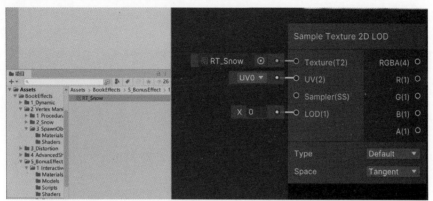

图 8-59 加载了 RT_Snow 纹理的 Sample Texture 2D LOD 节点

现在，我们需要反转这个遮罩，将角色路径设为黑色，而其他部分设为白色，以使黑色部分的顶点的位移为 0。请按以下步骤操作。

- 拖动 Sample Texture 2D LOD 节点的 R(1) 输出并创建一个 One Minus 节点，该节点将反转遮罩的颜色。
- 接着，从 One Minus 节点的输出创建一个 Multiply 节点，并将 One Minus 节点的输出连接到 Multiply 节点的 B(1) 输入，如图 8-60 所示。

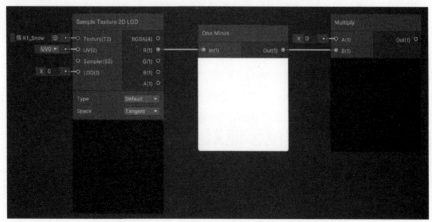

图 8-60 One Minus 节点和 Multiply 节点

Multiply 节点需要在噪声纹理应用到顶点位移计算之前,将这个遮罩应用到噪声纹理上。为了实现这一点,请按以下步骤操作。

- 将刚刚创建的 Multiply 节点放在 Vector3 节点和之前创建的 Multiply 节点之间,如图 8-61 所示。

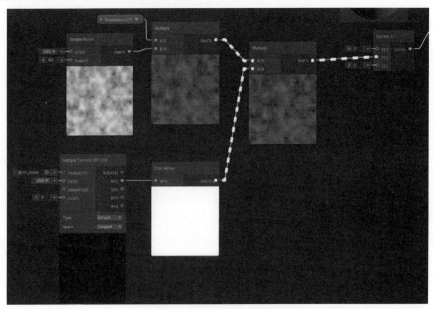

图 8-61 将遮罩应用于噪声纹理

- 通过这个操作,我们使用 One Minus 节点将 RT_Snow 纹理用作反转遮罩,然后利用 Multiply 节点将该反转的遮罩应用到代表雪地的噪声纹理中。现在,请保存资源,尽情享受在雪地中玩耍的乐趣,如图 8-62 所示。
- 暂停游戏并查看 Shader Graph,可以清楚地看到 RT_Snow 纹理是如何与着色器实时交互,从而为噪声纹理添加遮罩效果的,如图 8-63 所示。

这个纹理实际上就是从"场景"视图正上方看到的角色路径,如图 8-64 所示。

图 8-62 雪地效果

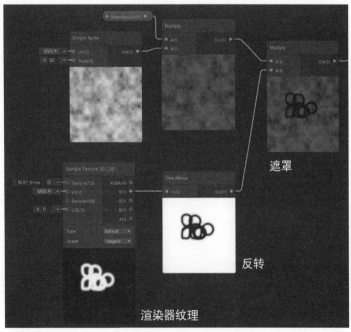

图 8-63 雪地效果

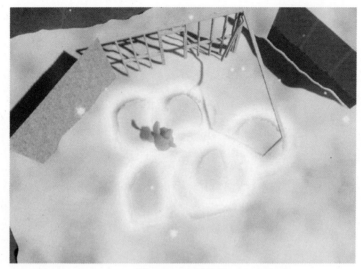

图 8-64 绘制路径

8.7 小结

哇！这个着色器效果为本书画上了一个圆满的句号。本章运用大量的新技术和 Unity 资源创造了本书中最复杂但也最有趣的效果。

这个效果可以用于很多场景：例如，当玩家在水中行走时，可以通过改变法线纹理信息来创建波纹；也可以在草地着色器中使用它，让角色在草地上行走时留下足迹，等等。

希望大家从这本书中学到了很多，并且能够运用所学知识和效果来提升游戏的视觉体验，使游戏更具吸引力、更有趣。这仅仅是你的着色器之旅的开始。

现在，是时候发挥自己的想象力，创造出无限可能了。祝大家好运，玩得开心更重要！